Data Science Library

[著者]
奥村晴彦
Haruhiko Okumura

牧山幸史 **瓜生真也**
Koji Makiyama   Shinya Uryu

[監修]
石田基広
Motohiro Ishida

Rで楽しむベイズ統計入門

しくみから理解する
ベイズ推定の基礎

Introduction to
Bayesian Statistics
with R

技術評論社

[ご注意]

本書に記載された内容は，情報の提供のみを目的としています。したがって，本書を用いた運用は，必ずお客様自身の責任と判断によって行ってください。これらの情報の運用の結果について，技術評論社および著者はいかなる責任も負いません。

本書記載の情報は，2017 年 12 月 18 日現在のものを掲載していますので，ご利用時には，変更されている場合もあります。

また，ソフトウェアに関する記述は，特に断わりのないかぎり，2017 年 12 月 18 日現在での最新バージョンをもとにしています。ソフトウェアはバージョンアップされる場合があり，本書での説明とは機能内容や画面図などが異なってしまうこともあり得ます。本書ご購入の前に，必ずバージョン番号をご確認ください。

以上の注意事項をご承諾いただいた上で，本書をご利用願います。これらの注意事項をお読みいただかずに，お問い合わせいただいても，技術評論社および著者は対処しかねます。あらかじめ，ご承知おきください。

本文中に記載されている会社名，製品名等は，一般に，関係各社／団体の商標または登録商標です。本文中では ®，©，™ などのマークは特に明記していません。

監修にあたって

　R およびその統合環境である RStudio はデータ分析ツールのデファクトスタンダードとして、いまや分野を問わず広く利用されています。

　R の魅力は、拡張パッケージを導入することで、最新の分析手法やグラフィックス技法が簡単に使えるようになることです。

　最近のパッケージの多くはユーザインターフェースに工夫が凝らされていますので、短く簡潔なコマンド（命令）を実行するだけで簡単に解析が実行できてしまいます。

　それで満足というユーザもいるかもしれませんが、ここからさらに一歩踏み出して、自身が R で実行したコマンドの背景にある数理やアルゴリズムを理解できていれば完璧ではないでしょうか。

　技法と数理の両方に自信がもてれば、学会あるいは業務の現場で分析結果について突っ込んだ質問を投げかけられることがあっても、胸を張って答えられるようになります。

　本シリーズでは、選定したテーマごとに背景にある理論とアルゴリズムを、R およびパッケージの機能と関連付けて解説することを編集方針としました。

　具体的には、ベイズ統計、時系列分析（状態空間モデル）、地理情報システム（GPS）、そして人工知能（AI）など、現在もっともアクチュアルで、研究および実務面での応用も急速に進んでいるテーマを取り上げました。

　各テーマの執筆者たちは、それぞれの分野の学術および技術的背景に精通しており、また実際に R で分析を繰り返してきたエキスパートたちです。

　執筆にあたっては、理論や技法の解説に加え、日々の実践を通じて獲得したノウハウについても、惜しみなく盛り込んでもらえるように依頼しました。

　本シリーズを通じて、読者は R での分析テクニックに理論武装できるだけでなく、達人たちが培ってきた秘伝の技法を手軽に吸収できることでしょう。これにより、読者のやる気と生産性は飛躍的に高まるものと確信します。

2017 年 12 月

石田基広

序

　家を出るときに天気予報を見て，「雨の降る確率は 30 ％ です」などと聞いて，それなら念のため傘を持って行こうと考えます。

　2016 年のアメリカ大統領選のときは，定評あるネイト・シルバー（Nate Silver）の選挙予測によれば，直前のトランプ候補の当選確率は 30 ％ 程度でした。それにもかかわらず，トランプ候補が勝ち，選挙予測の難しさを見せつけられました。

　このように，われわれの身の回りには確率予測がたくさんあります。こういった確率は統計学を使って求められそうです。

　ところが，伝統的な統計学をいくら勉強しても，ある仮説が正しい確率を求めるやり方は出てきません。伝統的な統計学では，「もし全体の半数がトランプ支持者であれば，ランダムな 10 人に質問して 2 人がトランプ支持であると答える確率は約 4.4 ％ である」ということは教えてくれますが，「ランダムな 10 人に質問して 2 人がトランプ支持であると答えた場合，全体の半数以上がトランプ支持者である確率はどれだけか」という問いはそもそもしないことになっています。

　このような問いに答えるには，伝統的な統計学の枠を超えたベイズ統計学を使わなければなりません。

　ベイズ統計学は，イギリスの牧師・アマチュア数学者ベイズ（Thomas Bayes, 1702–1761 年）や，フランスの有名な数学者ラプラス（Pierre-Simon Laplace, 1749–1827 年）[1] によって作られましたが，その後ずっと放置され，近年になって見直されつつあります。

　見直された主な理由は，複雑な問題でもコンピュータで解きやすいことですが，結果が「確率」の形で求められるので解釈が簡単なこともベイズ統計学の特徴です。

　これに対して，従来の統計学の結果の解釈は簡単ではありません。たとえば従来の統計学でいう「5 ％ 水準で有意」は，「確率 95 ％ で正しい」という意味ではまったくありませんし，得られたデータから求めた「95 ％ 信頼区間」は，「真の値を確率 95 ％ で含む区間」ではありません。これらは，従来の統計学が難しすぎるために生じた誤解です。ベイズ統計学なら，「確率 95 ％ で正しい」と言ったり，「真の値を確率 95 ％ で含む区間」を求めた

---

[1] ポケモンのラプラス（Lapras）と混同しないように (^^)。

りすることが可能です（ただし，その「確率」の意味は吟味を要します）。

　この「確率」の意味とも関連しますが，ベイズ統計学は恣意的・主観的ではないかという根強い疑念もあります。この疑念に正直に答えるためには，従来の統計学との立ち位置の違いや重なる部分を詳しく調べ，結果を比較して，いわばベイズ統計学をキャリブレート（目盛合わせ）する必要があります。

　本書は，そのあたりを丁寧に説明するのに苦心しました。どうしても数式が出てきてしまいますが，現在の高校数学の範囲（つまり行列を使わない範囲）に限定しました。一般のベイズ統計学の本では省略されているような式変形も省略せず書きましたが，必要なのは結果だけだと割り切ることができれば，式変形は読み飛ばしてかまいません。

　数式は読み飛ばしても，Rを使った具体的な計算はぜひお試しください。ほとんどの計算はRの命令を何行か打ち込むだけでできます。1行1行手で打ち込んで結果を確認すれば，理解が進むと思いますが，打ち込むのが面倒ならば，本書サポートページ https://github.com/okumuralab/bayesbook からコピペしてください。

　Rの基本は，ある程度は本文でも説明していますが，巻末に，新進気鋭のデータサイエンティスト瓜生真也さん・牧山幸史さんが解説を付けてくださいました。

　石田基広先生には，お忙しいにもかかわらず原稿をチェックし，たくさんのご教示をいただきました。

　編集の高屋卓也さんには，私の「である」調の文体を「です」調に書き直し，わかりにくいところをたくさんご指摘いただきました。

　お二人に感謝するとともに，ご指摘に反して，文体以外は著者好みのシンプルなスタイルを堅持してしまったことをお詫びいたします。

　技術評論社は，私の最初の本『パソコンによるデータ解析入門』を1986年に出してくださった出版社です。2^5年を経て，今回再び技術評論社から統計の本を出すことができたことには，感慨深いものがあります。

2018年1月

奥村 晴彦

目次

第1章　ベイズの定理と確率　　　　　　　　　　　　　　　　　　　　　**1**

　1.1　検診と確率　．．．．．．．．．．．．．．．．．．．．．．．．．．．．　1

　1.2　偽陽性，偽陰性など　．．．．．．．．．．．．．．．．．．．．．．．．　2

　1.3　ベイズの定理　．．．．．．．．．．．．．．．．．．．．．．．．．．．　4

　1.4　条件付き確率とベイズの定理　．．．．．．．．．．．．．．．．．．．．　6

　1.5　事前分布，事後分布，尤度　．．．．．．．．．．．．．．．．．．．．．　7

　1.6　統計的仮説検定とベイズの定理　．．．．．．．．．．．．．．．．．．．　9

　1.7　確率とは　．．．．．．．．．．．．．．．．．．．．．．．．．．．．．　10

第2章　選挙の予測（2項分布）　　　　　　　　　　　　　　　　　　　**13**

　2.1　選挙の予測　．．．．．．．．．．．．．．．．．．．．．．．．．．．．　13

　2.2　2項分布　．．．．．．．．．．．．．．．．．．．．．．．．．．．．．　15

　2.3　無情報事前分布　．．．．．．．．．．．．．．．．．．．．．．．．．．　18

　2.4　ベータ分布　．．．．．．．．．．．．．．．．．．．．．．．．．．．．　22

　2.5　ベータ分布を使った推定　．．．．．．．．．．．．．．．．．．．．．．　24

　2.6　従来の統計学との比較　．．．．．．．．．．．．．．．．．．．．．．．　26

　2.7　無情報でない事前分布　．．．．．．．．．．．．．．．．．．．．．．．　28

　2.8　事前分布についてのいろいろな考え方　．．．．．．．．．．．．．．．．　32

第3章　事前分布の再検討　　　　　　　　　　　　　　　　　　　　　**35**

　3.1　目盛の付け方の問題　．．．．．．．．．．．．．．．．．．．．．．．．　35

　3.2　分散安定化変換　．．．．．．．．．．．．．．．．．．．．．．．．．．　39

　3.3　オッズとロジット　．．．．．．．．．．．．．．．．．．．．．．．．．　41

　3.4　ジェフリーズの事前分布を使った事後分布　．．．．．．．．．．．．．．　42

　3.5　区間推定　．．．．．．．．．．．．．．．．．．．．．．．．．．．．．　45

　3.6　信頼区間とベイズ信用区間の比較　．．．．．．．．．．．．．．．．．．　51

　3.7　シミュレーションによる方法　．．．．．．．．．．．．．．．．．．．．　55

3.8	シミュレーションによる信用区間の推定	. . . .	58
3.9	シミュレーションによる最頻値の推定		61
3.10	予測分布		62
3.11	オッズとオッズ比		65
3.12	相対危険度		69
3.13	対数オッズ代替としての分散安定化変換	. . . . . .	71
3.14	邪魔なパラメータ		74
3.15	止め方の問題・尤度原理・多重検定		76

第4章　個数の推定（ポアソン分布） 79

4.1	ポアソン分布とガンマ分布	. . . .	79
4.2	ポアソン分布の無情報事前分布		82
4.3	ポアソン分布のパラメータ推定		84
4.4	ポアソン分布のパラメータの信用区間		86
4.5	2項分布との関係	. . . .	88
4.6	多項分布		90
4.7	地震の起こる年	. . . .	91
4.8	無情報でない事前分布：エディントンのバイアス		95

第5章　連続量の推定（正規分布） 97

5.1	既知の誤差をもつ測定器の問題	. . . . . .	97
5.2	測定の連鎖		102
5.3	誤差の事後分布		104
5.4	平均と分散の同時推定		107
5.5	分散の分布		108
5.6	平均値の分布	. . . .	111
5.7	不検出（ND）の扱い		119
5.8	多変量正規分布と相関係数		121

第6章　階層モデル 125

6.1	階層のある問題	. . . .	125
6.2	完全にベイズな方法		130
6.3	完全なベイズモデルによるシミュレーション		133
6.4	メタアナリシス		136
6.5	bayesmeta パッケージ		140

第 7 章　MCMC　　145

7.1　MCMC 創世記 145

7.2　1 次元の簡単な MCMC 151

7.3　正規分布の平均と分散のベイズ推定 153

7.4　階層モデル 158

7.5　回帰分析 160

7.6　ポアソンデータのピークフィット 164

7.7　打切りデータの回帰分析 165

7.8　HMC 法 167

エピローグ　　173

付録 A　R の利用方法　　177

A.1　R および RStudio のダウンロード 177

A.2　RStudio の基本 182

A.3　R プログラミングの初歩 186

付録 B　確率分布に関する関数　　195

B.1　確率密度関数 196

B.2　累積分布関数 199

B.3　分位点関数 201

B.4　乱数の生成 203

参考文献　　207

索引　　209

ix

第1章
ベイズの定理と確率

1.1 検診と確率

　ある病気の検診について考えましょう（たとえば乳がんのマンモグラフィーによるスクリーニングを想像してください）。
　この検診は，本当にその病気に罹っているなら，80％の確率で「陽性」（病気の疑いが強い）とされます。残りの20％は「陰性」（病気の疑いが弱い）です。

| 病気あり | 陽性 80％ | 陰性 20％ |

このことを「検診の感度は80％である」といいます。
　ところが，残念ながら，その病気に罹っていなくても，5％は「陽性」とされ，再検査に回されてしまいます。

| 病気なし | 陽性 5％ | 陰性 95％ |

このことを「特異度は95％である」または「偽陽性率は5％である」といいます。
　さて，この検診を受けて「陽性」と言われてしまいました。これは大変！　病気かもしれません。どれくらいの確率で病気なのでしょうか？
　病気であれば80％の確率で陽性です。しかし，逆は必ずしも真ならず，陽性であれば80％の確率で病気だとは言えません。
　陽性であればどれくらいの確率で病気かを調べるには，その集団で病気を持っている人の割合を見積もる必要があります。
　たとえば1％の人がその病気に罹っている（有病率1％）としましょう。人口1万人の

第 1 章　ベイズの定理と確率

町なら，100 人が病気です：

病気あり 100人	陽性 80人	陰性 20人

　残りの 99 %，つまり 9900 人の人は，病気ではありません。それでも 9900 人の 5 % つまり 495 人は陽性です：

病気なし 9900人	陽性 495人	陰性 9405人

　この 2 つの図を正しい人数比で描くと，次ページの図 1.1 のようになります。

　つまり，この町に陽性の人は $80 + 495 = 575$ 人います。そのうち 80 人が病気です。したがって，陽性の人が本当に病気である確率は

$$\frac{80}{80 + 495} = \frac{80}{575} \approx 0.14$$

で，約 14 % しかありません（≈ は ≒ と同じで，「ほぼ等しい」という記号です）。これなら陽性と宣告されても，気が楽でしょう。でも，安心しすぎず，必ず再検査を受けてください。

▌1.2　偽陽性，偽陰性など

　ここで少し言葉をまとめておきます。これらの言葉は，ベイズ統計の理解には必須でありませんが，知っておいて損はしません。

　まず，本当に病気の陽性は**真陽性**（true positive, TP）といいます。本当は病気でない陽性は**偽陽性**（false positive, FP）です。陰性についても同様で，本当に病気でない陰性は**真陰性**（true negative, TN），本当は病気である陰性は**偽陰性**（false negative, FN）です。表にすると次のようになります：

	陽性	陰性
病気あり	真陽性	偽陰性
病気なし	偽陽性	真陰性

✎補足　昔，結核のツベルクリン反応を調べてもらった世代の人は，疑陽性（擬陽性，pseudopos-

1.2 偽陽性,偽陰性など

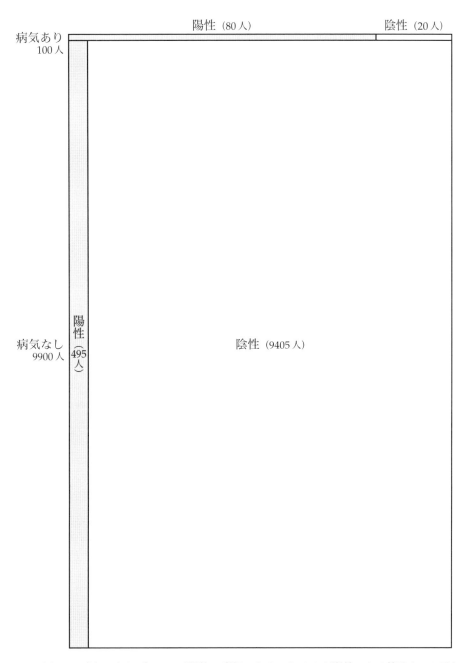

図 1.1 病気であれば 80 % が陽性,病気でなくても 5 % が陽性になる検診を,1 万人が受診した。本当に病気の人は 100 人だとすると,陽性の人が本当に病気である確率は $\frac{80}{80+495} \approx 0.14$ ほどである。

第1章　ベイズの定理と確率

itive）という言葉を聞いたことがあるかもしれません。これは陽性と陰性の間くらいという意味です。ここでいう偽陽性とは違います。

病気の人が正しく陽性とされる確率（**真陽性率**，true positive rate）を検診の文脈では**感度**（sensitivity）といいます。

$$感度 = \frac{真陽性}{真陽性 + 偽陰性}$$

先ほどの例では感度は $80/(80 + 20) = 0.8$ です。

病気でない人が正しく陰性とされる確率（**真陰性率**，true negative rate）を検診の文脈では**特異度**（specificity）といいます。

$$特異度 = \frac{真陰性}{偽陽性 + 真陰性}$$

先ほどの例では特異度は $9405/(495 + 9405) = 0.95$ です。

病気でない人が間違って陽性とされる確率を**偽陽性率**（false positive rate）といいます。

$$偽陽性率 = \frac{偽陽性}{偽陽性 + 真陰性} = 1 - 特異度$$

先ほどの例では偽陽性率は $495/(495 + 9405) = 0.05$ です。

陽性の人が本当に病気に罹っている確率は，英語では positive predictive value（PPV）ですが，日本語ではいくつかの呼び方があります。ここでは**陽性適中率**と呼ぶことにします。

$$陽性適中率 = \frac{真陽性}{真陽性 + 偽陽性}$$

先ほどの例では陽性適中率は $80/(80 + 495) \approx 0.14$ です。

> ✎補足　○○という病気の新しい診断法が発表されたとき，「○○を 95 ％の確率で……」などと報道されることがありますが，感度と特異度が両方書いていない場合は，要注意です。一般に，感度を上げれば特異度が下がります。極端な場合，全員を陽性と判断してしまえば，感度は 100 ％です（特異度は 0 ％になりますが）。

1.3　ベイズの定理

先ほどの検診の例で，陽性の人が本当に病気に罹っている確率（陽性適中率）は，たったの 0.14（つまり 14 ％）ほどにすぎませんでした。これは

$$\frac{100 \times 0.8}{100 \times 0.8 + 9900 \times 0.05} = \frac{80}{80 + 495} \approx 0.14$$

で求めました。この 100 とか 9900 とかは，1 万人中で有病率 1% として計算したものです。分母・分子を 1 万人で割って割合に直せば

$$\frac{0.01 \times 0.8}{0.01 \times 0.8 + 0.99 \times 0.05} = \frac{0.008}{0.008 + 0.0495} \approx 0.14$$

となります。この左辺の分数式の中身は

- 0.01×0.8 （確率 0.01 で病気であり，病気の人は確率 0.8 で陽性になる）
- 0.99×0.05（確率 0.99 で病気でなく，病気でない人は確率 0.05 で陽性になる）

からできています。

　病気であることを x_1，病気でないことを x_2 と書くことにしましょう。そして，病気である確率を $p(x_1)$，病気でない確率を $p(x_2)$ と書きます。ここでの p は確率（probability）の頭文字です。

　さらに，陽性を y と書き，病気の人が陽性とされる確率を $p(y \mid x_1)$，病気でない人が陽性とされる確率を $p(y \mid x_2)$，逆に陽性とされたとき病気である確率を $p(x_1 \mid y)$ と書きます。

　すると，陽性とされたとき病気である確率は

$$p(x_1 \mid y) = \frac{p(x_1) \times p(y \mid x_1)}{p(x_1) \times p(y \mid x_1) + p(x_2) \times p(y \mid x_2)}$$

と書くことができます。これを**ベイズの定理**（Bayes′ theorem）といいます。ちょっと導き方がごたごたしてしまいましたが，次の節で導き直しますので，ここではだいたいの雰囲気がわかれば大丈夫です。

　以上は，病気である（x_1），病気でない（x_2）の 2 つに分類しましたが，実際には病気の程度でもっと細かく分類することもできます。3 分類なら（もう掛け算の記号は省いて）

$$p(x_1 \mid y) = \frac{p(x_1)p(y \mid x_1)}{p(x_1)p(y \mid x_1) + p(x_2)p(y \mid x_2) + p(x_3)p(y \mid x_3)}$$

一般に n 分類なら

$$p(x_1 \mid y) = \frac{p(x_1)p(y \mid x_1)}{p(x_1)p(y \mid x_1) + p(x_2)p(y \mid x_2) + \cdots + p(x_n)p(y \mid x_n)}$$
$$= \frac{p(x_1)p(y \mid x_1)}{\sum_{i=1}^{n} p(x_i)p(y \mid x_i)}$$

となります（$\sum_{i=1}^{n}$ は 1 から n までの整数 i についての和を意味します）。さらに，病気の程度が連続な変数 x で与えられるなら，

$$p(x \mid y) = \frac{p(x)p(y \mid x)}{\int_{-\infty}^{\infty} p(x)p(y \mid x)dx}$$

第1章　ベイズの定理と確率

のように積分で書くことができます。これらもすべてベイズの定理といいます。

　和の記号とか積分記号とかが出てきて，ベイズの定理の計算はたいへんだと思われたかもしれませんが，計算が難しいのは分母だけです。しかも，この分母は，確率の合計を1にするための比例定数にすぎません。ベイズの定理の本質的な部分は，比例関係

$$p(x \mid y) \propto p(x)p(y \mid x)$$

だけです（$\propto$ は比例を表す記号です）。

　ここまでの数式は，わからなくて大丈夫です。次の節で，もう一度導き直します。

1.4　条件付き確率とベイズの定理

　「x が起こったとして y が起こる確率」$p(y \mid x)$ の類を，**条件付き確率**（conditional probability）といいます。これは次のようにして形式的に定義できます。

　事象（ことがら）x, y があります。x の起こる確率を $p(x)$，y の起こる確率を $p(y)$，x と y が両方とも起こる確率を $p(x,y)$ とします。このとき，x が起こったとして y が起こる確率を $p(y \mid x)$ と書き，

$$p(y \mid x) = \frac{p(x,y)}{p(x)}$$

で定義します。分母を払えば

$$p(x,y) = p(x)p(y \mid x)$$

とも書けます。つまり，x と y が同時に起こる確率は，x が起こる確率に，x が起こったとして y が起こる確率を掛けたものです。

　この式の x と y を入れ替えれば

$$p(y,x) = p(y)p(x \mid y)$$

となります。ところが $p(x,y) = p(y,x)$ ですので，

$$p(y)p(x \mid y) = p(x)p(y \mid x)$$

が導かれます。ここで x を（未知の）隠れた真実，y を（実際に得られた）データとし，y を固定すると，$p(y)$ は定数になりますので，

$$p(x \mid y) \propto p(x)p(y \mid x)$$

6

という比例関係が成り立ちます。これがベイズの定理です。

このように，ベイズの定理は条件付き確率の定義からただちに導かれるものです。

よくベイズの定理からベイズ統計学が導かれるといいますが，ベイズの定理そのものは自明といっていいほどのもので，ベイズ統計学に限らずあらゆるところで使われるものです。ベイズの定理からベイズ統計学への道は，まだまだ先があります。

> 📝補足　x が起こったとして y が起こる確率を $p(y \mid x)$ と書きますが，これを英語で読むとすれば "p of y, given x" となります。"y given x" は「x が与えられたときの y」で，日本語と逆順です。

> 📝補足　LATEX[*1] では p(y \mid x) と書けば $p(y \mid x)$ が出力されます。p(y | x) と書けば $p(y|x)$ のように縦棒の両側のスペースがなくなり，コンパクトに書きたいときには便利ですが，x_1 と x_2 が与えられたときの y の確率は $p(y|x_1, x_2)$ と書くより $p(y \mid x_1, x_2)$ と書くほうが意味がとりやすいように思えます。

> 📝補足　上で使った $p(x)$，$p(y)$，$p(x,y)$，$p(x \mid y)$，$p(y \mid x)$ はどれも同じ $p(\dots)$ という形をしていますが，違う関数です。括弧の中に入る文字によって関数を区別しています。したがって，具体的な値を与えて $p(5)$ のように書くと，どの $p(\ )$ かは話の前後関係から読み取らなければなりません。あいまいさをなくすためには，たとえば $p(x = 5)$ のように書けばよいでしょう。

> 📝補足　同じ関数名でも，引数によって意味が違ってくることは，プログラミングの世界ではよくあることです。たとえば R の plot() という関数は，中にベクトルを入れて呼び出す場合，データフレームを入れて呼び出す場合などで，振る舞いが異なります。これをオブジェクト指向の用語ではポリモーフィズム（polymorphism，多態性）と呼びます。

1.5　事前分布，事後分布，尤度

ここで，いくつかの用語を導入しておきます。

まず，$p(x)$ のような式は，x のいろいろな値についての確からしさの度合い，つまり**確率分布**（probability distribution）を表すものです。この x のように，値が確率的に変わるもののことを，**確率変数**（random variable，stochastic variable）といいます。

ベイズの定理

$$p(x \mid y) \propto p(x)p(y \mid x)$$

をベイズ統計学で使うとき，確率変数 x は（未知の）隠れた値を表します。また，データ y は（既知の）与えられた値です。左辺 $p(x \mid y)$ は，x の**事後分布**（posterior distribution,

---

[*1] 理系の論文を書くのによく使われるシステムです。本書も LATEX で書かれています。

posterior）と呼ばれ，データ y が与えられたときの x の確率分布を表します。右辺の $p(x)$ は，x の**事前分布**（prior distribution, prior）と呼ばれ，データ y を考慮しないときの x の確率分布を表します。最後の $p(y \mid x)$ は，x が与えられたときにデータ y が得られる確率で，**尤度関数**（likelihood function）または単に**尤度**（likelihood）と呼ばれます。尤度は「ゆうど」と読みます。尤もらしい度合いという意味です。「犬度」（いぬど）ではありません。

つまり，ベイズの定理を使えば，「事後分布は事前分布と尤度の積に比例する」

$$\underbrace{p(x \mid y)}_{\text{事後分布}} \propto \underbrace{p(x)}_{\text{事前分布}} \underbrace{p(y \mid x)}_{\text{尤度}}$$

が導かれます。この式を使う統計学が**ベイズ統計学**（Bayesian statistics）である，というのが，とりあえずの定義です。ただし，その意味は簡単ではありません。

> ✎補足　「尤度」といういかめしい訳語を持つ likelihood ですが，英語の日常語としての likelihood は probability（確率）とだいたい同じ意味で使われます。

本書では x を（未知の）隠れた値，y をその表れとしての（既知の）データと考えます。つまり，両者には

$$x \longrightarrow y$$

という向きの依存関係があります。この関係を数式で表したものを**数理モデル**（mathematical model）あるいは単に**モデル**（model）と呼びます。モデルに含まれる未知数 x をそのモデルの**パラメータ**（parameter）と呼びます。この矢印を逆にたどって，データ y からパラメータ x を推測するのが，統計学の仕事です。

> ✎補足　モデルの和訳は**模型**です。モデルは**数理モデル**と**物理モデル**（physical model）に分けられると説明されることがあります。後者は地震の実験に使われる縮尺模型などです。本書ではモデルといえばすべて数理モデルを指します。

> ✎補足　数理モデルのうち，結果が確率的なものを，**確率モデル**といいます。本書で扱うモデルは確率モデルです。

> ✎補足　パラメータの伝統的な日本語訳は**母数**ですが，母数を「分母となる数」の意味だと誤解する人がたくさんいます。母数を間違った意味で使うと，母数警察に捕まります。

> ✎補足　日常語で似た言葉として「バロメーター」（barometer）があります。本来は気圧計という意味ですが，「体重は健康のバロメーターだ」のように使われます。パラメータは，まったくこれとは意味が違います。

1.6 統計的仮説検定とベイズの定理

　この節は，ベイズ統計の理解に必須ではありませんが，今まで述べたことを使って，従来の統計学の基本となる**統計的仮説検定**（statistical hypothesis testing）の考え方を簡単に説明します。

　先ほどのベイズの定理の説明図を見てみましょう：

病気あり	陽性	陰性
	80%	20%

病気なし	陽性	陰性
	5%	95%

　従来の統計学の根底にある統計的仮説検定の考え方は，これとそっくりの形をしています。

効果あり	有意	非有意
	80%	20%

効果なし	有意	非有意
	5%	95%

　従来の統計学では，たとえばある新薬の効果を調べるのに，仮にその新薬は，偽薬（にせぐすり，プラセボ）ないしは標準薬と比較して，まったく同等の効果しかないと仮定します（上の「効果なし」の行）。これが**帰無仮説**（null hypothesis）です。そして，「効果なし」という仮定では5%未満の確率でしか生じない事象が起これば，「効果なし」という帰無仮説を棄却し，その新薬の効果は「統計的に**有意**」（statistically significant）であると判断します。

> 📝補足　統計的に有意かどうかの線引きに使う「5%」のような基準を**有意水準**と呼びます。有意水準は必ずしも5%である必要はありませんが，5%が最も広く使われています。明確にしたいときは「5%水準で有意である」のように書きます。最近，5%では緩すぎるので0.5%にしようという主張や，いやそれでは根本的な解決にならないという反論があり，話題になっています。

　つまり，まったく効果がなくても，5%の確率で「統計的に有意」と判断されてしまいます。ちなみに，統計的仮説検定の文脈では，効果がないのに「効果あり」と誤判断することを**第一種の過誤**（type I error）といいます。一方，効果があるのに「効果なし」

第1章　ベイズの定理と確率

と誤判断することを**第二種の過誤**（type II error）といいます。それぞれ偽陽性，偽陰性に相当します。効果があるときに「効果あり」と判断する確率を**検出力**または**検定力**（statistical power あるいは単に power）といいます。

「統計的に有意」とは「効果ありと判断してほぼ差し支えない」という意味だととらえられがちですが，これは検診で「陽性」と出たら「病気と判断してほぼ差し支えない」と誤解してしまうのと同様に，危険な判断です。たとえばその研究所で100通りの薬を合成して実際に効果がある薬が1通りしかないとすれば，先ほどの検診の場合と同様，「統計的に有意」とされたもののうちほぼ14％しか実際には効果がありません。

ベイズ統計学を使えば，統計的仮説検定の困難から逃れることができるという期待が持てそうです。しかしそれは，「効果あり」「効果なし」の比率（事前確率）の妥当な見積もりができることが前提となります。病気かどうかの場合には，集団内のおよその有病率がわかりそうですし，メールがスパム（迷惑メール）かどうかの判定にも，全メールに含まれるスパムの割合は何らかの方法で推定できそうですが，新薬に効果がある割合となると，推定は簡単ではなさそうです。

さらに，実際には「効果あり」「効果なし」の2択ではなく，どの程度効果があるかを連続的な量として，事前分布（事前確率の分布）を考えなければならないので，けっこうたいへんそうです。

このあたりの詳細は第2章以降で考えていくことにします。

1.7　確率とは

順序が逆になりましたが，そもそも確率とは何でしょうか。

「このさいころで1の目が出る確率は1/6だ」という場合，さいころを何回も振ればその約1/6で1が出ることを意味しています。これは多数回の試行で検証可能です。（ただし，検証の精度を増すには，手間がかかります）。

では，天気予報で「雨が降る確率は30％です」という場合，何を意味しているのでしょうか。おそらく，このように予報された日の天気の30％が雨になるということでしょう。さいころより面倒ですが，なんとか検証可能です。

📝補足　これだけなら，その地域で過去に雨が降った日の割合を調べて，それが30％なら，「明日雨が降る確率は30％です」と毎日言い続ければよいでしょう。こういうインチキと，本当に役に立つ確率予報とを区別するための方法はいろいろ考えられます。たとえば**ブライア・スコア**（Brier score, BS）という評価関数は，予報確率と実現値の差の2乗の平均で，小さいほど良い予報だと考えます。たとえば2日とも降水確率50％の予報をして2日のうち1日だけ雨が降ったならBS $= \frac{1}{2}((0.5-0)^2 + (0.5-1)^2) = 0.25$であり，30％と70％

1.7 確率とは

の予報をして 70 % のほうだけ雨が降ったなら BS $= \frac{1}{2}((0.3 - 0)^2 + (0.7 - 1)^2) = 0.09$ ですので，後者の方が良い予報です。

2016 年のアメリカ大統領選の直前予測で，トランプ候補の当選確率が 30 % であったという場合も，このように予測をした選挙戦の 30 % で当選するという意味でしょう。これは原理的には検証可能であっても，4 年に 1 回の大統領選では難しそうです。

「火星に生物がいる確率は 30 % だ」はどうでしょうか。同じように予想される惑星のうち 30 % に生命がいるということでしょうが，検証はますます困難です。むしろ「30 %」は専門家の確信の程度（「主観」確率）を表していると考えたほうがよいかもしれません。「被疑者 A が犯罪を犯した確率は 30 % だ」も同様です。

最初に挙げた「このさいころで 1 の目が出る確率は 1/6 だ」のような，実際に何度も繰り返すことができることがらにしか確率を定義しない人を，**頻度主義者**（frequentist）といいます。「頻度」（frequency）は，どれくらい頻繁に起こるかという度合いです。頻度は度数ともいいます。度数分布の度数です。

これに対して，**ベイジアン**（Bayesian，**ベイズ主義者**）と呼ばれる人は，より広い意味で確率をとらえるとされています。

> ✎補足 このあたりの話は微妙で，安易に統計学を頻度主義とベイズ主義に分類できるものではありません。伝統的な統計学でも，フィッシャー（Sir Ronald A. Fisher, 1890–1962 年）とネイマン（Jerzy Neyman, 1894–1981 年）やピアソン（Egon Pearson, 1895–1980 年）との考え方の隔たりは有名ですし，ベイズ統計でも，主観確率に基礎を置く考え方から，客観的なベイズ統計を目指す考え方まで，いろいろな流れがあります。

ただ，この章で説明したベイズの定理は，確率をどのように解釈するかによらず，必ず成り立ちます。

ベイズ統計学の扱う確率も，頻度主義的な確率から主観的な確率まで，いろいろ考えられます。1 つの問題の中で両方の確率が混在することもありえます。

> ✎補足 たとえば，物理学では，誤差を統計誤差と系統誤差とに分けて考えることがよくありますが，統計誤差は完全に頻度主義的なものであるのに対して，系統誤差はそうでないこともありえます。

> ✎補足 中学生の確率の理解度を知るためによく引き合いに出される「全国学力・学習状況調査」2007 年および 2015 年の中学（3 年生対象）数学 A の次の問題があります：
>
> 1 の目が出る確率が $\frac{1}{6}$ であるさいころがあります。このさいころを投げるとき，どのようなことがいえますか。下のアからオまでの中から正しいものを 1 つ選びなさい。
>
> ア 5 回投げて，1 の目が 1 回も出なかったとすれば，次に投げると必ず 1 の目が出る。
>
> イ 6 回投げるとき，そのうち 1 回は必ず 1 の目が出る。
>
> ウ 6 回投げるとき，1 から 6 までの目が必ず 1 回ずつ出る。

第 1 章　ベイズの定理と確率

　　エ　30 回投げるとき，そのうち 1 の目は必ず 5 回出る。
　　オ　3000 回投げるとき，1 の目はおよそ 500 回出る。
もちろん正答はオです。正答率は 2007 年で 49.9 %，2015 年で 55.8 % です。誤答で多い
のはイで，2007 年で 27.1 %，2015 年で 22.3 % でした。8 年間で改善した（実は一部の学
校で過去問を教えているので本当に改善したかどうかは疑問です）とはいえ，まだ半分近
くの生徒が確率の意味を正しく理解していません。

補足　上の問題で，選択肢ア・イ・ウはどれも，1 から 6 までの目をすべてコンプリートするに
は 6 回投げればいいことを意味します。アイテムをコンプするための試行回数の期待値を
求める問題は，クーポン収集問題（coupon collector's problem）ともいい，さいころの
場合は $\sum_{k=1}^{6} 1/(k/6) = 14.7$ が期待値です。つまり，平均して 15 回くらい投げてやっと
1 から 6 までの目が出揃います。

補足　類似の誤解として，「成功する確率が 1 % でも，100 回挑戦すれば 100 % 成功する」が
あります。これらは，確率の概念というよりは，毎回の試行が「独立」であるというこ
とがよくわかっていないことからくる間違いでしょう。事象 x と事象 y が独立とは，
$p(x, y) = p(x)p(y)$ が成り立つことです。つまり，独立な場合は確率を掛け算できます。
たとえば 1 回あたり 99 % 失敗するなら，100 回とも失敗する確率は $0.99^{100} \approx 0.366$ で
あり，100 回挑戦して 1 回でも成功する確率は $1 - 0.366 = 0.634$ にすぎません。

第2章
選挙の予測（2項分布）

2.1 選挙の予測

　某国の有権者 10 人に，大統領選は誰に投票するか聞いたところ，8 人がクリントン，2 人がトランプと答えました。これだけの情報にもとづいて，トランプが大統領になる確率を求めるという問題を考えましょう。

> 📝補足 もちろん本物の世論調査はもっと大勢の人に対して行いますが，ここでは計算を簡単にするため 10 人としました。

> 📝補足 この 10 人は，全有権者という**母集団**（population）からランダムに選ばれた**サンプル**（sample，**標本**）です。サンプルは集合ですので，10 人でも，1 つのサンプル（a sample）です。サンプルに含まれる要素の数（この場合は 10）を，サンプルの大きさまたはサンプルサイズ（sample size）といいます。サンプルの選び方によっては**偏り**（bias）が生じます。たとえばネット調査ではネットを使えない人（高齢者など）の意見が反映されません。

　母集団のトランプ支持率（全有権者のうちトランプに投票する人の割合）を x とします。つまり，全有権者からランダムに 1 人を選べば，その人がトランプに投票する確率が x です。ここでは「トランプが勝つためには $x > 0.5$ であればよい」と考えることにします。

> 📝補足 母集団のサイズ（全有権者の数）は，サンプルサイズ（この場合 10 人）よりずっと大きく，無限大と考えてかまいません。

> 📝補足 実際のアメリカ大統領選は複雑で，一般有権者の投票で選挙人を選び，選挙人の投票で大統領を選ぶという 2 段階のシステムになっています。一般投票で得票数が多い候補が選ばれるとは限りません。しかし，ここでは話を簡単にするため，全有権者のうち半数以上が支持する候補が大統領に選ばれると考えることにします。投票しない有権者については考えません。

第 2 章　選挙の予測（2 項分布）

与えられているのは「10 人に聞いて 2 人がトランプに投票すると答えた」というデータです。このデータを y と書くことにします。「10 人に聞いて 2 人が…」という事実全体を y と考えても，「10 人に聞いて」は暗黙の仮定として「$y = 2$」をデータと考えても，どちらでもかまいません。

われわれが求めたいのは，データ y が与えられたとき，トランプが勝つ確率（つまり x が $x > 0.5$ の範囲に入る確率）です。そのためには，データ y が与えられたときに x のどういう値が確からしいか，つまり x の確からしさの分布（確率分布）がわかればよさそうです。y が与えられたときの x の分布は，前章で導入した書き方では $p(x \mid y)$ と書きます。また，これを事後分布ということも，前章で簡単に説明しました。

要するに，事後分布とは，たとえば図 2.1 で表されるような，データ y が与えられたときの，未知の値 x の確率分布，つまり x のいろいろな値の確からしさについての情報です。

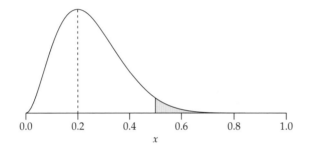

図 2.1　データ y（「10 人中 2 人がトランプ支持と答えた」）が与えられたときのパラメータ x（全有権者のトランプ支持率）の確からしさの分布 $p(x \mid y)$ はこんな感じになりそう。トランプ勝利（$x > 0.5$）の部分を灰色に塗った。

$p(x \mid y)$ はおそらく図 2.1 のようになると予想されます。なぜならば，データ y は「10 人のうち 2 人がトランプ支持だった」ですので，全有権者についてのトランプ支持率も $x = 2/10 = 0.2$ あたりが一番確からしいと考えられます。ただ，たった 10 人しか調べていないので，**標本誤差**（sampling error）がかなりあるはずです。標本誤差とは，サンプル（調べた 10 人）の支持率と全有権者の支持率との不一致のことです。標本誤差のため，$p(x \mid y)$ は $x = 0.2$ に集中せず，図のように広がった分布になります。このため，トランプが勝つこと（$x > 0.5$，図の灰色部分）もありえます。

> 補足　母集団におけるトランプ支持率 x の確率分布とは何でしょうか。第 1 章でも述べましたが，同様な世論調査の結果を生じるような大統領選をたくさん考えたときの x の分布と考えることもできますし，この世論調査の結果に基づく主観的な信念の度合の分布と考えることもできます。ここではとりあえずあまり深く考えないで先に進むことにします。

さて，$p(x \mid y)$ を求めるためには，前章で学んだベイズの定理

$$\underbrace{p(x \mid y)}_{\text{事後分布}} \propto \underbrace{p(x)}_{\text{事前分布}} \underbrace{p(y \mid x)}_{\text{尤度}}$$

を使います。

2.2　2項分布

ベイズの定理の式の中で一番わかりやすいのが尤度 $p(y \mid x)$ です。これは，今の場合，ランダムに選んだ 1 人の有権者がトランプに投票する確率 x が与えられたとき，ランダムに選んだ 10 人のうち 2 人がトランプに投票する確率です。

> ✎補足　$p(y \mid x)$ は分布のパラメータ x が与えられたときのデータ y の確率ですが，「尤度」という場合は $p(y \mid x)$ の y を固定して x の関数と考えます。今のところは，このあたりの区別をしないで，計算を進めていきます。

この確率は，高校で習う 2 項分布の式 $_{10}C_2\, x^2(1-x)^8$ で計算できます。ここで $_{10}C_2$ は 10 人から 2 人を選ぶ組合せの数

$$_{10}C_2 = \frac{10!}{2! \times 8!} = \frac{10 \times 9 \times 8 \times 7 \times 6 \times 5 \times 4 \times 3 \times 2 \times 1}{(2 \times 1) \times (8 \times 7 \times 6 \times 5 \times 4 \times 3 \times 2 \times 1)} = \frac{10 \times 9}{2 \times 1} = 45$$

です。

2 項分布を忘れた人のために，簡単に振り返っておきましょう。一般に，1 回あたり確率 x で起こる独立な事象が n 回のうち y 回起こる確率は

$$_nC_y\, x^y(1-x)^{n-y}$$

で求められます。このような分布を **2 項分布** (binomial distribution) といいます。変数 y が上のような 2 項分布に従うことを

$$y \sim \mathrm{Binom}(n, x)$$

と書くことにします。

> ✎補足　この $y \sim \mathrm{Binom}(n, x)$ が，この章で扱う世論調査の「モデル」です。サンプルサイズ $n = 10$ は固定して考えているので，x がこのモデルの「パラメータ」です。

> ✎補足　このあたりの知識が不足している読者は，拙著 [1] あるいはもっと初等的な結城浩さんの本 [2] の第 4 章「コインを 10 回投げたとき」あたりで復習するか，あるいは数式は飛ば

してお読みください。ちなみに，結城さんの本では $_{10}C_2$ は $\binom{10}{2}$ という記法で表されていますが，まったく同じものです。$_{10}C_2$ は日本の高校教科書では広く使われていますが，海外では $\binom{10}{2}$ がよく使われます。

$$\binom{n}{k} = {}_nC_k = \frac{n!}{k!(n-k)!}$$

これは，2 つの項の和の累乗 $(a+b)^n$ を展開した式

$$(a+b)^n = {}_nC_0\,a^n + {}_nC_1\,a^{n-1}b + {}_nC_2\,a^{n-2}b^2 + \cdots + {}_nC_n\,b^n$$

の係数でもあるので，**2 項係数**（binomial coefficients）とも呼ばれます。

📝補足 LaTeX では amsmath パッケージを使って \binom{10}{2} と書けば，本文中では $\binom{10}{2}$，独立な数式の中では $\dbinom{10}{2}$ のように出力されます。

さて，本書では R というソフトを使っていろいろ計算をすることになるのですが，後で参照するために，ここで R の 2 項分布についての関数を列挙しておきます。n, x, y は上の使い方に合わせてあります。タイプライタ体のフォントで dbinom() のように書いたものが R の関数です。

- 確率 dbinom$(y, n, x) = {}_nC_y\,x^y(1-x)^{n-y}$
- 分布関数 pbinom$(q, n, x) = \sum_{0 \le y \le q}$ dbinom(y, n, x) …… $0 \le y \le q$ を満たすすべての整数 y について dbinom(y, n, x) を足し合わせたもの
- 分位関数 qbinom(p, n, x) …… 分布関数の逆関数，$p = $ pbinom(q, n, x) を満たす q を求める
- 乱数を m 個発生する rbinom(m, n, x)

📝補足 R 初心者のために，少し解説しておきます。たとえば表（おもて）が出る確率が 0.5 の硬貨を 10 回投げて 2 回表が出る確率は $_{10}C_2\,0.5^2(1-0.5)^{10-2}$ ですが，上に挙げた関数 dbinom() を使って dbinom(2, 10, 0.5) として求められます。R（または RStudio のコンソール）のプロンプト > の右に dbinom(2,10,0.5) と打ち込んで Enter または return を押してみましょう：

```
> dbinom(2, 10, 0.5)
[1] 0.04394531
```

スペースを省略して dbinom(2,10,0.5) と打ち込んでも結果は同じです。答えは 0.04394531 です（左の [1] の意味はすぐ後で説明します）。同様に，Binom(10,0.5) に従う乱数を 50 個出力してみましょう：

```
> rbinom(50, 10, 0.5)
 [1] 5 7 2 1 8 7 6 7 5 6 5 7 4 5 4 5 4 5 7 5 6 7 5 5 4 5 3 7 7 5
[31] 5 6 5 5 5 2 5 3 6 2 4 4 2 7 4 5 6 3 5 4
```

乱数ですので，読者の端末の出力はこれと異なるはずです。また，1 行に表示される値の数も，端末の幅によって異なります。ここでは 1 行目の先頭に [1]，2 行目の先頭に [31] と出力されましたが，これらは先頭の数値が何番目のものであるかを示します。値が 1 つでも [1] が出力されるのはうるさいと思われるかもしれませんが，R の基本データ型がベクトル（値の並び）であることから，このような仕様になっています。今どきのコンピュータは速いので，50 個でなくても 100 万個でもすぐに計算しますが，100 万個を画面に出力したくないでしょうから，代わりに，変数に代入してみましょう：

```
> y = rbinom(1000000, 10, 0.5)
```

変数 y に Binom(10, 0.5) に従う乱数が 100 万個入ります。変数（R の呼び方では「オブジェクト」）とは箱のようなもので，y という名前の箱に 100 万個の値の並びを入れたわけです。上述のように，R の基本データ型はベクトル（値の並び）ですので，変数には1 個の値でも 100 万個の値でも同じように代入できます。これを表示するには R のコンソールに y と打ち込んで Enter を押せばいいのですが，100 万個の数値を見たくありませんので，代わりに，この平均を表示してみましょう。平均を求める R の関数は mean() です：

```
> mean(y)
[1] 5.001356
```

ほぼ 5 です。また，分散を求めてみましょう。分散を求める R の関数は var() です：

```
> var(y)
[1] 2.507123
```

ほぼ 2.5 です。

$y \sim \mathrm{Binom}(n, x)$ のとき，y の平均値（期待値）は nx に等しく，y の分散（標準偏差の 2 乗）は $nx(1 - x)$ に等しいことがわかっています（ここでいう平均値，分散は，個数が無限大のときの極限値です）。たとえば $y \sim \mathrm{Binom}(10, 0.5)$ の場合，y の平均値は $10 \times 0.5 = 5$，分散は $10 \times 0.5 \times (1 - 0.5) = 2.5$ です。

y の平均値（期待値，expectation value，expectation）を $E(y)$，分散（variance）を $V(y)$ と書けば，$y \sim \mathrm{Binom}(n, x)$ のとき

$$E(y) = nx, \qquad V(y) = nx(1 - x)$$

が成り立ちます。2 項分布のこれらの性質は，今は使いませんが，後（特に第 3 章）で必要になります。

✎補足 分散 $V(y)$ は y とその期待値 $E(y)$ の差の 2 乗の期待値 $E((y - E(y))^2)$ です。平均値（期待値），分散の意味については，第 5 章の冒頭もご覧ください。

✎補足 $\mathrm{dbinom}(y, n, x)$ のような，y が離散値（とびとびの値，この場合は $0, 1, 2, \ldots, n$）のときにその確率を求める関数は，probability mass function（p.m.f.，pmf，**確率質量関**

第2章 選挙の予測（2項分布）

数）と呼ばれます。一方，後で出てくるように，連続な場合は確率密度関数（probability density function）と呼ばれます。この区別を厳密に適用すれば dbinom() は確率質量関数ですが，R のヘルプは dbinom() を density function（密度関数）と呼んでいます。そもそも dbinom() の d は density から来ているのでしょう。

✎補足 **分布関数**（distribution function）とは，この場合，$0 \leq y \leq q$ を満たすすべての整数 y についての確率の和 $\sum_{0 \leq y \leq q} {}_nC_y\, x^y (1-x)^{n-y}$ です。オプション lower.tail=FALSE を付ければ $q < y \leq n$ の和 $\sum_{q < y \leq n} {}_nC_y\, x^y (1-x)^{n-y}$ になります。これらは q が整数でない場合にも定義されます。

✎補足 **分位関数**（quantile function）とは分布関数の逆関数，つまり p が与えられたとき $p = \sum_{0 \leq y \leq q} {}_nC_y\, x^y (1-x)^{n-y}$ を満たす最小の整数 q を求める関数です。

✎補足 dbinom() も pbinom() も qbinom() も2項分布を表す関数ですが，「分布関数」といえば pbinom() を指します。ただし，単に「分布」といえば（特に応用方面では）dbinom() を指すことが多いようです。この意味の「分布」との混乱を避けるために，分布関数を**累積分布関数**（cumulative distribution function，c.d.f，cdf）と呼ぶことがあります。

2.3　無情報事前分布

ベイズの定理

$$\underbrace{p(x \mid y)}_{\text{事後分布}} \propto \underbrace{p(x)}_{\text{事前分布}} \underbrace{p(y \mid x)}_{\text{尤度}}$$

で，最終的にわれわれが求めたいのは，事後分布 $p(x \mid y)$ つまりデータ y が与えられたときのパラメータ x の分布です。尤度 $p(y \mid x)$ と事後分布 $p(x \mid y)$ の間を取り持つのが事前分布 $p(x)$ です。

　事前分布は「データ y が与えられる前」の未知の量（ここではトランプ支持率）x の分布です。この意味するところは単純ではありません。過去の大統領選の両陣営の得票率をもとに推定することも可能です（第2.7節）。しかし，ここでは過去の情報をまったく使わないという制約を課してみましょう。つまり，$p(x)$ を「何の情報も与えられないときの x の分布」とします。このような事前分布を**無情報事前分布**（noninformative prior）と呼びます。

　たとえばさいころを振って出た目を x とすると，「偶数だよ」とか「3以上だよ」といった情報が何もないときは，$x = 1$ の確率も $x = 2$ の確率も $x = 6$ の確率もすべて等しい，つまり $p(1) = p(2) = \cdots = p(6)$ とするのが無情報事前分布です。

✎補足 さいころを使った確率の問題では $p(1) = p(2) = \cdots = p(6) = 1/6$ は暗黙のうちに仮

2.3　無情報事前分布

定されていると考えるのが一般的です。物理学でも等重率の原理（等確率の原理）という考え方がありますが，田崎 [3, p.89] によれば，これは自然界の基本原理というよりは，われわれが問題にアプローチするための「根本的な方針」と考えるべきものです。

そこで，トランプ支持率 x についても，$x = 0.1$ の確率も $x = 0.2$ の確率も $x = 0.9$ の確率もすべて等しい，つまり「$p(x) = $ 一定」が無情報事前分布だと（とりあえず）考えることにします。

> ✎補足　実はこの議論は「目盛の付け方」を無視しているので，第 3 章で再吟味する必要があるのですが，とりあえずこれで話を進めましょう。

以上の議論をまとめれば，無情報事前分布「$p(x) = $ 一定」を仮定すれば，ベイズの定理により

$$p(x \mid y) \propto p(x)p(y \mid x) \propto {}_{10}C_2\, x^2(1-x)^8 \propto x^2(1-x)^8$$

が導かれます。ここでは $p(x)$ も ${}_{10}C_2$ も定数なので，考えなくてかまいません。

この関数 $x^2(1-x)^8$ のグラフを R で描いてみましょう。それには curve() という命令を使います。R（または RStudio のコンソール）のプロンプト > の右に次のように打ち込んでください：

```
curve(x^2*(1-x)^8)
```

ここで ^ は累乗の記号，* は掛け算の記号です。ただし，これだけでは x の範囲が思い通りになりません。x の範囲を 0 から 1 までにするには

```
curve(x^2*(1-x)^8, 0, 1)
```

と打ち込みます。すると，先ほどの図 2.1（14 ページ）のような $x = 0.2$ で最大値をとる滑らかな曲線が描かれるはずです。実は図 2.1 は $x^2(1-x)^8$ のグラフだったのです。

> ✎補足　正確に言えば，図 2.1 は curve(x^2*(1-x)^8, 0, 1) の描く図から縦軸を削除し，説明の便宜のため一部を灰色にしたり破線を加えたりしたものです。

> ✎補足　本書では R の基本グラフィックス機能だけを用いています。最近流行の ggplot2 パッケージを使えば curve(x^2*(1-x)^8, 0, 1) は次のように書けます：
>
> ```
> install.packages("ggplot2") # もしggplot2をインストールしていないなら
> library(ggplot2)
> ggplot(data.frame(x=c(0,1)), aes(x)) +
>   stat_function(fun=function(x) x^2*(1-x)^8)
> ```
>
> 本書では ggplot2 やパイプ演算子など「流行り」のものは使っていません。

> ✎補足　本書には curve(x^2*(1-x)^8, 0, 1) のような R のコマンド（命令）がたくさん現れ

第 2 章　選挙の予測（2 項分布）

ます。このような 1 行のコマンドの場合は，手で打ち込むほうがコマンドを覚えるために
もいいと思いますが，念のため，本文中のコマンドの類をすべて抽出したものをサポート
ページに置いておきますので，そこからコピペして使うこともできます。

📝**補足**　本書の図を生成したスクリプトもすべてサポートページに置いてあります。これは，
make コマンド一発で出版品位の PDF ファイルを一括して自動生成するために，いろい
ろトリッキーなことをしています。出版品位とは，ビットマップではなくベクトルグラ
フィックで，色は RGB でなくグレイスケール（または CMYK）で，フォントはすべて埋
め込みにすることです。たとえば図 2.1 はサポートページの beta1.R）というスクリプト
で生成しました。図の番号とサポートページのファイル名との対応は，図と見比べること
で理解が進む場合以外は，書いていません。これらのスクリプトは同業者が参考にしてい
ただけるように置いているだけで，ベイズ統計を勉強している読者がこれらのトリッキー
なスクリプトを理解したり実行したりすることは想定していません（むしろ本文中にある
素直なコマンドを推奨します）。スクリプトの実行には，Mac でも Windows でも Linux
でもかまいませんが，Rscript と make と Ghostscript がコマンドで実行できる環境が必
要です。

　さて，図から見ると，曲線の下の全面積に比べ，0.5 より右側（灰色部分，トランプが
勝つ部分）の面積は非常に小さいことがわかります。全面積に対する灰色部分の面積の割
合が，この世論調査の結果に基づくトランプの勝率です。この勝率は次のようにして計算
できます。

　まず全面積を求めます。それには積分を使います：

$$全面積 = \int_0^1 x^2(1-x)^8 dx$$

この $\int_0^1 \ldots dx$ が「0 から 1 までの積分（つまり面積）」という意味です。高校で習った積
分を覚えていれば，$x^2(1-x)^8$ を展開して整理して積分できるはずですが，面倒なので，
R を使って数値計算してみましょう（次の 1 行目の > より右が打ち込むべきコマンドで，
2 行目が R の返してくる結果です）：

```
> integrate(function(x) x^2*(1-x)^8, 0, 1)
0.002020202 with absolute error < 2.2e-17
```

この integrate() が積分をする関数です。使い方は先ほどの curve() に似ていますが，
第 1 引数（かっこの中の最初のコンマまでの部分）は計算式 x^2*(1-x)^8 が x の関数であ
ることを示すための function(x) が必要です。結果は $\int_0^1 x^2(1-x)^8 dx \approx 0.002020202$
で，絶対誤差（absolute error, 真の値と計算結果との差）は 2.2e-17 つまり 2.2×10^{-17}
より小さいことがわかります。このように R では非常に小さい数や大きい数は e を使っ
た表示（指数表示）になります。e は「かける 10 の何乗」という意味です。

20

2.3 無情報事前分布

また，0.5 より右の面積

$$灰色部分の面積 = \int_{0.5}^{1} x^2(1-x)^8 dx$$

は

```
> integrate(function(x) x^2*(1-x)^8, 0.5, 1)
6.609059e-05 with absolute error < 7.3e-19
```

つまり 6.609059×10^{-5} 程度です。どちらも絶対誤差は十分小さいので無視して，両方の比は

```
> 6.609059e-05 / 0.002020202
[1] 0.03271484
```

というわけで，トランプが勝つ確率は $0.0327\cdots$ つまり約 3 % ほどにすぎないことがわかりました。

ここまでで，ベイズ統計の基本的な考え方は尽きています。残っているのは，いちいち数値積分しなくても簡単に計算するための方法と，本当に事前分布として「$p(x) = $ 一定」でいいのかという問題，従来の統計学との比較，およびもっといろいろな場合にベイズ統計を適用することです。

📝補足 積分をする関数 integrate() の返す結果は，ちょっと複雑な構造をしています。構造を調べる関数 str() を使って調べてみましょう：

```
> r = integrate(function(x) x^2*(1-x)^8, 0, 1)
> str(r)
List of 5
 $ value      : num 0.00202
 $ abs.error  : num 2.24e-17
 $ subdivisions: int 1
 $ message    : chr "OK"
 $ call       : language integrate(f = function(x)
               x^2 * (1 - x)^8, lower = 0, upper = 1)
 - attr(*, "class")= chr "integrate"
```

つまり，integrate() の返す値は，5 個のスロットを持つリストです。value というスロットに積分値，abs.error というスロットに絶対誤差が入っています。これらを別々に取り出して表示するには

```
> r$value
[1] 0.002020202
> r$abs.error
[1] 2.242875e-17
```

のようにします。あるいは最初から

第 2 章　選挙の予測（2 項分布）

```
> integrate(function(x) x^2*(1-x)^8, 0, 1)$value
[1] 0.002020202
```

とすれば積分値だけ取り出せます。さらに細かいことですが，`integrate()` の結果が通常の `[1]` で始まる出力にならず "*... with absolute error ...*" のような表示になるのは，戻り値が `integrate` 型のクラスとして定義されているからです。デフォルトで呼ばれる `print()` 関数は，引数の型によって枝分かれして，`integrate` 型であれば `stats` の中の `print.integrate()` という関数に処理を渡します：

```
> stats:::print.integrate(r)
0.002020202 with absolute error < 2.2e-17
```

もし強引にデフォルトの `print.default()` に渡せば，次のような出力になります：

```
> print.default(r)
$value
[1] 0.002020202

$abs.error
[1] 2.242875e-17

$subdivisions
[1] 1

$message
[1] "OK"

$call
integrate(f = function(x) x^2 * (1 - x)^8, lower = 0, upper = 1)

attr(,"class")
[1] "integrate"
```

2.4　ベータ分布

　上のようなベイズ統計の計算では，尤度が $x^2(1-x)^8$ に比例することだけわかれば十分です。あとは数値計算に頼れば，数学の知識は最小限で済ませることができます。数値積分 `integrate()` が使えないような複雑な場合も，後述の MCMC などを使えば，数値的に答えを出すことができます。

　しかし，ここで少し数学を勉強しておくことも，無駄ではありません。

　まず，連続な変数の確率分布を表すのに使われる**確率密度関数**（probability density function, p.d.f., pdf）について説明しておきます。これは**確率密度**（probability density）あるいは**密度関数**（density function）とも呼ばれます。x の確率密度が $f(x)$ であると

いう意味は，x が a 以上 b 以下の範囲に入る確率が $\int_a^b f(x)dx$ に等しいことです。

> 📝補足 同じことですが，x が a 以上 $a+h$ 以下の範囲に入る確率は，h が非常に小さいときは $\int_a^{a+h} f(x)dx \approx f(a)h$ となります。ここで a をあらためて x と書いて h を Δx と書けば，幅 Δx の区間に入る確率はほぼ $f(x)\Delta x$ となります。この小さな確率を足し合わせると，和の記号 $\sum$ を使って，$\sum f(x)\Delta x$ と書けます。この和の $\Delta x \to 0$ の極限が積分 $\int f(x)dx$ です。つまり，$\int$ は $\sum$ の極限，dx は Δx の極限です。

> 📝補足 確率関係で pdf と書けば，PDF ファイルの PDF（Portable Document Format）ではなく，確率密度関数 probability density function を意味します。

確率密度が $x^{\alpha-1}(1-x)^{\beta-1}$ に比例する確率分布を**ベータ分布**（beta distribution）といい，記号で $\mathrm{Beta}(\alpha,\beta)$ と書きます。変数 x が $\mathrm{Beta}(\alpha,\beta)$ に従うことを

$$x \sim \mathrm{Beta}(\alpha,\beta)$$

と書きます。上の例では確率密度が $x^2(1-x)^8$ に比例するので，

$$x \sim \mathrm{Beta}(3,9)$$

と書けます。ベータ分布の α, β は $x, (1-x)$ の肩の数より 1 だけ大きいことに注意してください。$\mathrm{Beta}(1,1)$ の密度関数は $x^0(1-x)^0 = 1$ つまり一様分布です。ちなみに，$x^{\alpha-1}(1-x)^{\beta-1}$ を 0 から 1 まで積分したもの

$$\int_0^1 x^{\alpha-1}(1-x)^{\beta-1}dx = B(\alpha,\beta)$$

を**ベータ関数**（beta function）と呼びます。したがって，ベータ分布の密度関数（積分するとちょうど 1 になるように比例定数を付けたもの）は

$$f(x) = \frac{x^{\alpha-1}(1-x)^{\beta-1}}{B(\alpha,\beta)} \qquad (\alpha > 0, \ \beta > 0, \ 0 \leq x \leq 1)$$

と書けます（$\leq$ や $\leqslant$ は $\leqq$ と同じ意味の等号付き不等号です。$\geq, \geqslant, \geqq$ も同様です）。

ベータ分布 $\mathrm{Beta}(\alpha,\beta)$ の平均，分散，**最頻値**（モード，mode）はそれぞれ

$$\text{平均 } \mu = \int_0^1 xf(x)dx = \frac{\alpha}{\alpha+\beta}$$

$$\text{分散 } \sigma^2 = \int_0^1 (x-\mu)^2 f(x)dx = \frac{\alpha\beta}{(\alpha+\beta)^2(\alpha+\beta+1)}$$

$$\text{最頻値} = \frac{\alpha-1}{\alpha+\beta-2} \qquad (f'(x) = 0 \text{ の解})$$

です。こういう公式は特に自分で証明する必要はなく，必要なときのために本のどのあたりに載っていたかを覚えておくだけで十分です。

第 2 章　選挙の予測（2 項分布）

✎補足 ギリシャ文字 α（アルファ），β（ベータ）はそれぞれ英文字 a, b に対応する文字です。ギリシャ文字 μ（ミュー），σ（シグマ）はそれぞれ英文字 m, s に対応する文字で，μ は平均（mean），σ は標準偏差（standard deviation）を表すのによく用いられます。分散（標準偏差の 2 乗）は σ^2 と表されます。最頻値（モード）は，最も頻繁に現れる値，すなわち確率（密度関数）が一番大きい値です。

✎補足 $B_z(\alpha, \beta) = \int_0^z x^{\alpha-1}(1-x)^{\beta-1}dx$ を**不完全ベータ関数**（incomplete beta function）といいます。これを $B(\alpha, \beta)$ で割ったもの $I_z(\alpha, \beta) = B_z(\alpha, \beta)/B(\alpha, \beta)$ を**正規化された不完全ベータ関数**（regularized incomplete beta function）といいます。下の pbeta(z, α, β) はまさにこれです。

✎補足 ベータ分布 Beta(α, β) の平均が $\alpha/(\alpha+\beta)$ であることから，$\alpha+\beta$ をベータ分布の「サンプルサイズ」と呼ぶことがあります。特に，ベータ分布を使って事前分布を指定する際に，独立なパラメータとして「平均」$\alpha/(\alpha+\beta)$，「サンプルサイズ」$\alpha+\beta$ を使うと便利です。

R にはベータ分布に関する次の関数があります：

- 密度関数 dbeta(x, α, β) $= f(x)$
- 分布関数 pbeta(q, α, β) $= \int_0^q f(x)dx$
- 分位関数 qbeta(p, α, β)（$\int_0^q f(x)dx = p$ を満たす q）
- 乱数 rbeta(n, α, β)（ベータ分布の乱数 n 個のベクトル）

引数 x, q, p にはベクトルを与えることができます。その場合は戻り値もベクトルになります。引数 n もベクトルにできますが，その場合はベクトルの長さ length(n) に等しい個数の乱数を返します。pbeta(), qbeta() にオプション lower.tail=FALSE を与えると，上側確率になります（積分区間が $\int_0^q$ でなく $\int_q^1$ になります）。

2.5　ベータ分布を使った推定

10 人のうち 2 人がトランプ，8 人がクリントンに投票すると答えた先ほどの例の場合，事前分布が平坦（一様分布）であれば，事後分布は（双方の支持者数に 1 を足して）$\alpha = 3$, $\beta = 9$ のベータ分布 Beta(3,9) になることがわかりました。この密度関数 $f(x)$ は dbeta() で求められ，その $0 \leq x \leq 1$ の範囲のグラフは

```
> curve(dbeta(x, 3, 9), 0, 1)
```

で描けます。結果は前掲の図 2.1（14 ページ）と同じ形です。

ベータ分布の分布関数（累積確率）を求める pbeta() を使えば，トランプの勝つ確率

2.5 ベータ分布を使った推定

$\int_{0.5}^{1} f(x)dx$ つまり図 2.1 の灰色部分の面積は，次のようにして求められます：

```
> pbeta(0.5, 3, 9, lower.tail=FALSE)
[1] 0.03271484
```

あるいは $\int_{0.5}^{1} f(x)dx = 1 - \int_{0}^{0.5} f(x)dx$ ですので，次のようにしても同じです：

```
> 1 - pbeta(0.5, 3, 9)
[1] 0.03271484
```

いずれにしても，結果は先ほどの数値積分 integrate() を使った計算と一致し，トランプの勝つ確率は約 3% ほどです。

また，ベータ分布の乱数 rbeta() を使って，次のようにして乱数でシミュレーションしても構いません（# 以下は注釈です）。

```
> x = rbeta(1000000, 3, 9)   # 100万個の乱数を生成
> mean(x > 0.5)              # x > 0.5 になる割合
[1] 0.032691
```

シミュレーションの場合は毎回結果が少しずつ違ってきますが，十分な精度で求められます。

> ✏️**補足** すでに何回か出てきてしまいましたが，本書では変数 x への代入を x = ... のように書いています。これは x <- ... のように書くこともできます。他の本では <- を使うものが多いようですが，これは，2001 年以前の古い R との互換性を保つため，および関数の名前付き引数を指定する = と区別するためだと思われます。具体例としては上の lower.tail=FALSE が名前付き引数の指定です。本書では引数の指定には前後にスペースのない = を，代入には前後にスペースのある = を使っています。スペースはあってもなくても同じですが，見やすいようにこのようにしています。

> ✏️**補足** 平均を求める関数 mean() で x > 0.5 のような論理式が真である（成り立つ）割合を求めることができます。この理由はちょっとわかりにくいかもしれませんが，論理式が真であれば TRUE（= 1），偽であれば FALSE（= 0）という値になるので，真である割合は平均に等しくなります。

また，ベータ分布の最頻値（密度関数の最大値）が $(\alpha - 1)/(\alpha + \beta - 2)$ であることから，10 人中 2 人が支持すれば，最頻値は $2/10 = 0.2$ です。これはデータによる支持率の通常の求め方とも一致します。ベイズ統計では，事後分布の最頻値を **MAP**（maximum *a posteriori* probability）推定値といいます。事前分布が一様分布の場合は，これは要するに尤度が最大となる値，すなわち伝統的な統計学でいう**最尤推定値**（maximum likelihood estimate）と同じことです。

MAP 推定値に対して，事後分布の平均値を **EAP**（expected *a posteriori*）推定値とい

25

第 2 章　選挙の予測（2 項分布）

うことがあります。この場合の EAP は $\alpha/(\alpha+\beta) = 3/11 \approx 0.27$ で，最頻値 0.2 より大きくなります。これは図 2.1 のベータ分布のグラフを見てもわかるように，分布の右側の裾が長いからです。

　これ以外に，事後分布の中央値（メジアン，median）を使うこともできます。ベータ分布 Beta(α, β) の中央値は $(\alpha - 1/3)/(\alpha + \beta - 2/3)$ で近似できます。また，数値的に

```
> qbeta(0.5, 3, 9)
[1] 0.2357855
```

のようにして求められます。中央値は変換によって変わらないという便利な性質があります。つまり，単調な関数 $f(x)$ について，$f(\mathrm{median}(x)) = \mathrm{median}(f(x))$ です。

> 📝**補足** ここでは *a priori*, *a posteriori* をそれぞれ事前，事後の意味で使っています。これらはラテン語で，英語の文脈では外来語なので，しばしばイタリック体で書かれます。

> 📝**補足** 後の第 2.7 節のように事前分布の範囲を制限しても，範囲内で平坦な事前分布で，最頻値が範囲内に含まれれば，最頻値は変わりません。一方，事後分布の平均値や中央値は一般に変化します。

> 📝**補足** ベータ関数 $B(\alpha, \beta)$ を求める R の関数は beta(α, β) です。また，ベータ関数はガンマ関数 $\Gamma(\alpha)$ と次の関係があります：
>
> $$B(\alpha, \beta) = \frac{\Gamma(\alpha)\Gamma(\beta)}{\Gamma(\alpha+\beta)}$$
>
> ガンマ関数 $\Gamma(\alpha)$ を求める R の関数は gamma(α) です。正の整数 $n = 1, 2, 3, \ldots$ のガンマ関数は $n-1$ の階乗に等しくなります：
>
> $$\Gamma(n) = (n-1)!$$
>
> 先ほどのベータ分布では
>
> $$B(3,9) = \frac{\Gamma(3)\Gamma(9)}{\Gamma(3+9)} = \frac{2! \times 8!}{11!} = \frac{2 \times 1}{9 \times 10 \times 11} = \frac{1}{495}$$
>
> よって，事後分布は正確に
>
> $$p(x \mid y) = 495 x^2 (1-x)^8$$
>
> です。

2.6　従来の統計学との比較

　前章でも少し述べましたが，本書で扱っているような流儀の統計学を，ベイズ（Thomas Bayes, 1702–1761 年）に因んで，**ベイズ統計学**（Bayesian statistics）と呼びます。英語

2.6 従来の統計学との比較

の**ベイジアン**（Bayesian）という語には「ベイズ流の，ベイズ主義の」という形容詞の意味と，「ベイズ主義者」という名詞の意味があります。これは Japanese に「日本の」と「日本人」の 2 つの意味があるのと同様です。

　ベイジアンに対して，従来の統計学を指す言葉としては，英語では**フリークエンティスト**（frequentist）を使います。これは頻度（frequency）から作られた語で，形容詞としては「頻度主義の」「頻度論の」，名詞としては「頻度主義者」「頻度論者」などと訳されます。

> 📝補足　英語 frequency には「周波数」という意味もあります。形容詞 frequent は「頻繁な」という意味です。

> 📝補足　人ではなく主義を指すための名詞 Bayesianism，frequentism もあります。

> 📝補足　頻度主義の統計学を「伝統的」（conventional）・「古典的」（classical）といった形容詞付きで呼ぶことがあります[1]。

　たとえばトランプ支持率が x のとき 10 人に聞いて $y = 2$ 人がトランプ支持だと答えた場合，ベイズ統計学では x が確率変数だと考え，x の確率分布を求めますが，頻度論的統計学（従来の統計学）では，x は固定された値と考え，y のほうが確率変数だと考えます。

> 📝補足　このように，伝統的な統計学では，パラメータ x が定数で，データ y が確率変数ですが，ベイズ統計では，データ y が定数で，パラメータ x が確率変数です。この意味は，次の第 2.7 節のように過去の頻度分布から導き出した事前分布を使う場合は，同様な y を生じるパラメータ x の頻度の分布と考えることができますが，無情報事前分布を使う場合は，むしろ，何も情報がなかったところでデータ y を得たときの「x の値についての情報」の分布と考えるほうが自然です[2]。データはサンプルを取り直すたびに変化しますが，パラメータは変化しません。母集団でのトランプ支持率にしても，ニュートリノ[3]の質量にしても，われわれが知らないだけで，すでに決まっています。その意味で，数学的には同じ「確率変数」でも，その「確率」という意味が，伝統的な統計学での意味とは必ずしも一致しません。

　より具体的には，従来の統計学は「もし両候補が互角であれば，2 人がトランプ，8 人がクリントンと答えるような事象はどれくらい珍しいか」のような問題の立て方をします。それには，2 項分布を使って，次のように計算します。まず，両候補が互角である，つま

---

[1] ただし，古典的な統計学を「古典統計」というと，別の意味（「量子統計」の対語）になりそうです。英語でいうとどちらも classical statistics ですが。

[2] たとえ話ですが，無情報事前分布が事後分布に「収縮」する様子は，量子力学の波動関数の収縮と似ています。最初は無限に広がっていたものが，測定という過程で，その精度により決まる幅の波束に収縮します。

[3] ニュートリノという素粒子に質量（重さ）があることは，日本のスーパーカミオカンデなどの実験結果からわかっていますが，具体的な質量の値は本書執筆時点ではまだわかっていません。

第 2 章　選挙の予測（2 項分布）

りトランプ支持率が $x = 0.5$ であると仮定します（帰無仮説）。すると，10 人中 2 人がトランプ支持と答える確率は

$$_{10}C_2\, x^2(1-x)^8 = \frac{10 \times 9}{2 \times 1} \times 0.5^2(1-0.5)^8 = 45 \times 0.5^{10} \approx 0.044$$

です。同様に計算して，10 人中 0 人，1 人，2 人，3 人，4 人，5 人，6 人，7 人，8 人，9 人，10 人がトランプ支持と答える確率は，それぞれ

$$0.001,\ 0.010,\ 0.044,\ 0.117,\ 0.205,\ 0.246,\ 0.205,\ 0.117,\ 0.044,\ 0.010,\ 0.001$$

です。このうち，実際に観測された事象の確率 0.044 またはそれより珍しい事象が起こる確率の和 p は

$$p = 0.001 + 0.010 + 0.044 + 0.044 + 0.010 + 0.001 = 0.11$$

です。これをこの事象の **p 値**（ピーち，p-value）といいます。

　そして，p 値があらかじめ定めた値（0.05 がよく使われます）より小さいとき，データと帰無仮説には統計的に**有意**な（statistically significant）隔たりがあると考えます。この考え方では，$p = 0.11$ は統計的に有意ではなく，両候補が互角であっても 10 人の結果が 2 : 8 に分かれることは珍しくない，つまりこのデータからはどちらの候補が有利かを導くことはできないと考えます。

> ✎補足　「p 値が 0.05 なら結果は 95 ％ の確率で正しい」といった誤解がいまだに蔓延しています。こんなことを言うと，p 値警察に捕まって impeach（インピーチ ＝ 告発・弾劾）されます（ダジャレですが）。p 値は結果の正しい確率とは何の関係もありません。

　ベイズ統計でも，有意か有意でないかのような二項対立的な話はできなくもありませんが，ここでは「トランプが勝つ確率は 3 ％」などと計算するところまでにとどめ，そのあとの判断は読む人に任せるという考え方をとることにします。

　従来の統計学では，実際に起こった「2 : 8」という結果の確率だけでなく，「1 : 9」「0 : 10」など実際に起こっていない結果の確率まで使って p 値を求めます。ベイズ統計学では，実際に起こった「2 : 8」の確率しか使いません。

　一方で，ベイズ統計学では事前分布という厄介なものを考えなければなりません。

▌2.7　無情報でない事前分布

　これまで使ってきた「$p(x) = $ 一定」のような無情報事前分布は，まったく事前情報がない場合に使うお約束的な（デフォルトの）事前分布です。これに対して，大統領選なら

もっと伯仲する（支持率が五分五分に近い）はずであるといった知識に基づいて，無情報でない事前分布（informative prior）を設定できれば，より実情に合った事後分布が求められるはずです。この両者の中間の弱情報事前分布（weakly informative prior）も考えられます。ただ，自分に都合の良い結果を導くために恣意的な事前分布を設定しているのだろうと疑われないために，しっかりした根拠を示す必要があります。

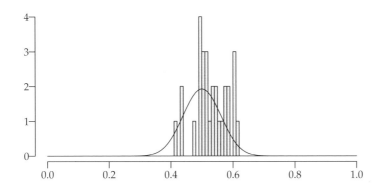

図 2.2 1900 年から 2012 年までのアメリカ大統領選の当選者（延べ 29 人）の得票率の度数分布と，それと 0.5 のまわりの分散がほぼ等しい Beta(35, 35) の密度関数

アメリカ大統領選についていえば，1900 年から 2012 年（トランプの 1 つ前）までの当選者（延べ 29 人）の得票率は，図 2.2 のヒストグラムのようになります。データ popularvote.csv は本書サポートページに置いてあります。このデータは Wikipedia（英語版）の "List of United States presidential elections by popular vote margin" という項目からとったものです。CSV ファイル（コンマ区切りのテキストファイル）ですので，テキストエディタでも，Excel 等でも開けます。

まずデータを読み込みます：

```
popularvote = read.csv("popularvote.csv")
```

> 補足　上の命令を実行するためには，`popularvote.csv` の入っているフォルダを R の作業用フォルダに設定することが必要です。これは R のメニューからできます。あるいは，RStudio を使っているなら，`read.csv()` を手で打ち込まなくても，Import Dataset メニューから CSV ファイルをインポートできます。

この 2 列目（"Election Yr"，選挙年）が 1900〜2012 の範囲にある行の 7 列目（"Popular Vote %"，一般投票 %）を取り出し，100 で割って，p に代入します：

```
p = popularvote[popularvote[,2] %in% 1900:2012, 7] / 100
```

第 2 章　選挙の予測（2 項分布）

ヒストグラムを（1/100 区切りで）描きます：

```
hist(p, breaks=(0:100)/100, col="gray")
```

この 0.5 を中心とする分散 $\sigma^2 = \text{mean}((p-0.5)^2)$ とほぼ等しい分散を持つベータ分布のパラメータは，23 ページの分散の式から，$\alpha = \beta = (1/\sigma^2 - 4)/8$ で求められます：

```
> (1/mean((p-0.5)^2)-4)/8
[1] 34.93437
```

つまり，ほぼ $\alpha = \beta = 35$ です。図には Beta(35,35) の密度関数を重ね書きしてあります。もし一様分布でなく Beta(35,35) を事前分布として採用するなら，10 人中 2 人が支持者であったときの支持率の事後分布は Beta(37,43) であり，支持率が過半数である確率は

```
> pbeta(0.5, 37, 43, lower.tail=FALSE)
[1] 0.2499484
```

で当選確率は 25 % に跳ね上がります（図 2.3 左）。

> 🖊 補足　事前分布をベータ分布から選んだのは，尤度がベータ分布 Beta(3,9) であり，ベータ分布の密度関数どうしの掛け算はやはりベータ分布の密度関数なので，計算が簡単になるためです。このような，尤度と同じ関数形の事前分布を，**共役事前分布**（conjugate prior）と呼びます。ただ，コンピュータの時代に，計算が簡単になることはあまり気にしなくてよいでしょう。

また，図 2.2 のヒストグラムを眺めると，0.41 から 0.62 くらいまでの一様分布のようにも見えます。少し広めに左右対称にとって，事前分布を 0.38 から 0.62 までの一様分布とするならば，

```
> (pbeta(0.62,3,9)-pbeta(0.5,3,9)) / (pbeta(0.62,3,9)-pbeta(0.38,3,9))
[1] 0.1999947
```

で当選確率は 20 % になります（図 2.3 右）。

このように，事前分布が確定できない場合は，何通りか試してみれば，事後分布の不確かさが明らかになります。

たった 10 人を対象とした「なんちゃって世論調査」で，しかも 2:8 というかなり現実離れしたデータを仮定したため，事前分布によって結果が大きく異なることなってしまいました。実際には，次の問いが示すように，現実的なデータを仮定すれば，事前分布にあまり依存しない結果が得られます。

問 1　1000 人に投票先を聞いたところ，トランプ 470 人，クリントン 530 人であった。

2.7 無情報でない事前分布

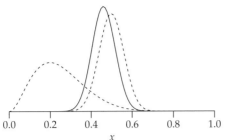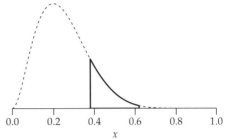

図 2.3　（左）尤度 Beta(3,9)（左側の破線）と事前分布 Beta(35,35)（右側の破線）を掛け合わせると事後分布 Beta(37,43)（実線）になる。（右）尤度 Beta(3,9)（破線）と，0.38 から 0.62 までの範囲で一様な事前分布を掛け合わせると，事後分布（太い実線で囲まれた部分）になる。

トランプが勝つ確率を，一様な事前分布，Beta(35,35)，0.38 から 0.62 までの範囲だけで 0 でない一様分布で計算せよ。

答　一様な事前分布では，事後分布は $x \sim \text{Beta}(471, 531)$ であり，$p(x > 0.5)$ は

```
> pbeta(0.5, 471, 531, lower.tail=FALSE)
[1] 0.02892526
```

つまり約 3 % である。Beta(35,35) では，事後分布は $x \sim \text{Beta}(505, 565)$ であり，

```
> pbeta(0.5, 505, 565, lower.tail=FALSE)
[1] 0.03321951
```

四捨五入すればやはり約 3 % である。0.38 から 0.62 までの一様分布では，

```
> (pbeta(0.62,471,531)-pbeta(0.5,471,531)) /
         (pbeta(0.62,471,531)-pbeta(0.38,471,531))
[1] 0.02892526
```

□

> **補足**　0.38 から 0.62 まで以外の可能性はまったくないという事前分布は強すぎるかもしれません。今までに起こったことがなくても，まったくないとはいえないからです（64 ページの問 3 あたり参照）。

第 2 章　選挙の予測（2 項分布）

2.8　事前分布についてのいろいろな考え方

　前節では過去の情報を使っていくつかの事前分布を導き，それらによる事後分布を使った推定結果がどれくらい安定しているかを調べました。大統領選は毎回違った様相を呈する可能性があり，過去の分布がどれだけ役に立つかは不明ですが，まったくの無情報よりは正確な予測ができる可能性があります。

　自然科学でも，過去の経験からおおよその分布がわかっていることがあります。たとえば地震のマグニチュード M はグーテンベルグ・リヒター則（Gutenberg–Richter law）に従ってほぼ $p(M) \propto 10^{-M}$ の分布をします。同様な例は，天体の明るさの分布（エディントンのバイアス，第 4.8 節），温度が与えられたときの分子のエネルギー分布（カノニカル分布，第 7.1 節）などがあります。104 ページの問 11 もこの類の例です。自然科学以外でもいろいろな例を挙げることができそうです。たとえば知能指数（IQ）はほぼ平均100，標準偏差 15 の正規分布です。

　過去の情報がなくても，同様なデータがたくさんあるなら，それらの分布を事前分布として使えそうです（厳密には，自分自身を使ってはまずいので，自分を除いたデータの分布を自分の事前分布として使うことになります）。

> ✎補足　ゲルマン（Andrew Gelman）たちによる統計教育の本 [4] には，"Where are the cancers?" というベイズ統計を教えるための次のようなおもしろい導入法が書いてあります（同じ話はゲルマンたちのベイズ統計の教科書 [5] にもあります）。アメリカの郡ごとの腎臓がんによる年齢調整死亡率について，死亡率の高い方の 10 % の郡を地図上で示したものを学生たちに見せ，何が読み取れるかを考えさせます。地図からは，そのような郡は人口密度の低い地域に多いように読めるので，学生は田舎ほど医療事情が悪いので死亡率が高いのだろうと推測します。次に，死亡率の低い方の 10 % の郡を地図上で示したものを見せます。不思議なことに，これがやはり人口密度の低い地域に多いのです。なぜか。それは人口が少ないから統計誤差が大きく，高い方にも低い方にも揺らぎやすいというのが種明かしです。このような揺らぎを減らすには，データ全体から死亡率の事前分布をまず推定して，それを使ったベイズ推定で郡ごとの死亡率を出し直します。すると，人口の少ない郡の死亡率は全国の死亡率に向かって収縮し，より実態にあった安定した値が得られます。このような構造を持ったデータは，今では「階層モデル」という枠組で扱うのが自然です（第 6 章）。

　無情報でない事前分布の選び方としては，何人かの専門家に予想を聞いて，その分布から定めるという方法も考えられます。分野によるでしょうが，自然科学ではあまり使えそうにありません。たとえばヒッグス粒子の質量の予想を専門家たちで検討することは，実験を準備するためには必要ですが，データ解析の時点での有用性は疑問です。

　1 つ前の研究の事後分布を，次の研究の事前分布にする，という考え方もあります。こ

れは，測定の連鎖（第 5.2 節，102 ページ）と同じ考え方です。単純な連鎖ならこれでいいのですが，あちこちで行われる研究での利用には注意を要します。たとえば研究 A の結果を事前分布にして研究 B が行われ，そのことを知らずに研究 C は研究 A・B の両方の結果を取り入れた事前分布を使ったなら，おかしなことになります。また，同じ条件で行われた研究でなければ，研究ごとの系統誤差があると考えるほうが自然です（第 6.1 節，125 ページ）。そのような場合は，一定の約束に従って定めた無情報事前分布から出発して結果を出し，ベイズ流のメタアナリシス（第 6.4 節，136 ページ）で合成するほうが良さそうです。そのようなお約束としての無情報事前分布については，次章以降で詳しく扱います。

第 3 章
事前分布の再検討

3.1 目盛の付け方の問題

ベイズの定理

$$\underbrace{p(x \mid y)}_{事後分布} \propto \underbrace{p(x)}_{事前分布} \underbrace{p(y \mid x)}_{尤度}$$

で，何も情報がないことを表す事前分布（無情報事前分布）について，もっと詳しく考えてみましょう。

何も情報がないのであれば，一様分布

$$p(x) = 一定$$

でいいのではないか，というわけで，今まではこれを使ってきました。

しかし，よく考えてみれば，これは x 軸の目盛の付け方に依存します。

ちょっと先走って図 3.1（上）を見てみましょう。これは z について一様な分布のヒストグラムです。つまり，$0 \leq z \leq 0.1$ の面積も $0.4 \leq z \leq 0.5$ の面積も等しく描いてあります。ところが，誰かがやってきて，目盛の付け方をいじって，両端で間隔を少し広くしました。この目盛 x を正しいと思った人は，$0 \leq x \leq 0.1$ の面積が $0.4 \leq x \leq 0.5$ の面積の 3 倍くらいある，両端で確率密度が大きい分布だと思うでしょう。

そんな馬鹿なことをする人はいない，割合の目盛の付け方は決まっていると思われるかもしれませんが，現実のデータ解析では，割合 x のほかに，オッズ $x/(1-x)$，対数オッズ（ロジット）$\log(x/(1-x))$，プロビット $\mathrm{qnorm}(x, 0, 1)$ などの目盛が使われています。ある目盛での一様分布は，別の目盛では一様分布になりません。

では，どんな目盛が最も「自然」でしょうか？

データをプロットしたとき，散らばり方が一様で，ヒストグラムがだいたい左右対称にきれいに分布するのが好ましい目盛だと考えることができそうです。このため，必要に応

第3章　事前分布の再検討

じて対数目盛にしたり，あるいは平方根目盛にしたりといった工夫が行われています。

　ここではとりあえず，パラメータ x を固定したときのデータ y の散らばりの幅がなるべく一様になるような目盛を「自然な」目盛と考えましょう。

　具体的に，2 項分布の場合を考えます。

　確率 x で表（おもて）の出る硬貨を n 回投げたとき，表の出る回数 y は 2 項分布 $\mathrm{Binom}(n, x)$ に従います。このとき，第 2 章で説明したように，y の平均値（期待値）は nx，分散は $nx(1-x)$ です。標準偏差（分散の平方根）は $\sqrt{nx(1-x)}$ です。事象の起こる割合 y/n で考えれば，平均値は x，標準偏差は $\sqrt{x(1-x)/n}$ です。つまり，y/n は $x \pm \sqrt{x(1-x)/n}$ くらいの区間に集中します。この区間は中央（$x = 0.5$）付近で広く，両端（$x = 0$ や $x = 1$）付近で狭くなります。

　この $x \pm \sqrt{x(1-x)/n}$ の区間の幅がどこでも一定になるようにするには，両端で目盛間隔を広く，中央で目盛間隔を狭くすればよいはずです。具体的には，$1/\sqrt{x(1-x)}$ に比例する間隔で目盛を付ければ，ちょうど 2 項分布の散らばりの幅（標準偏差）の変化を打ち消してくれます。図 3.1（上）の x の目盛は，このようにして付けたものです。

　目盛間隔 $1/\sqrt{x(1-x)}$ は両端で発散しますが，実際の目盛は目盛間隔を足し合わせた（積分した）ものであり，積分 $\int_0^1 dx/\sqrt{x(1-x)} = \pi = 3.14\cdots$ は有限（どうしてこの積分が π になるかは下の ✎補足 参照）ですので，問題ありません。そこで，$z = \int_0^x dx/(\pi\sqrt{x(1-x)})$ と置くと，x が 0 から 1 に増えれば，z も 0 から 1 に増えます。図 3.1（上）では，z について等間隔に目盛っているので，x の目盛間隔は両端ほど広くなります。

✎補足　$\int_0^1 dx/\sqrt{x(1-x)}$ は $1/\sqrt{x(1-x)}$ の 0 から 1 までの積分です。$x = \sin^2\theta$ と置けば，$dx = 2\sin\theta\cos\theta\, d\theta$ ですので

$$\int_0^1 \frac{dx}{\sqrt{x(1-x)}} = \int_0^{\pi/2} \frac{2\sin\theta\cos\theta}{\sqrt{\sin^2\theta(1-\sin^2\theta)}}\, d\theta = \int_0^{\pi/2} 2\, d\theta = \pi \qquad (3.1)$$

となります。このことは R の数値計算でも示せます：

```
> integrate(function(x) 1/sqrt(x*(1-x)), 0, 1)
3.141593 with absolute error < 9.4e-06
```

✎補足　ここから後は，分数の指数や負の指数の数式が現れます。難しいというご指摘を受けたので，少し説明しておきます。まず，平方根 $\sqrt{x}$ は $x^{1/2}$ または $x^{0.5}$ とも書けます（R でも sqrt(x) と x^(1/2) や x^0.5 は同じです）。分数は，たとえば $1/x = x^{-1}$ のように，負の指数で表せます（R でも 1/x と x^(-1) は同じです）。平方根の分数は，たとえば $1/\sqrt{x} = x^{-1/2} = x^{-0.5}$ です（R でも 1/sqrt(x) と x^(-1/2) や x^(-0.5) は同じです）。実際の数値計算では x^(-1/2) などより 1/sqrt(x) などのほうが速く計算できます。

3.1 目盛の付け方の問題

$1/(\pi\sqrt{x(1-x)}) \propto x^{-0.5}(1-x)^{-0.5}$ は第 2.4 節（22 ページ）で述べたベータ分布 Beta(0.5, 0.5) の密度関数でもあるので，R の関数 dbeta$(x, 0.5, 0.5)$ で求められます。これを積分した z は

$$z = \int_0^x \frac{dx}{\pi\sqrt{x(1-x)}} = \int_0^x \text{dbeta}(x, 0.5, 0.5)dx = \text{pbeta}(x, 0.5, 0.5)$$

で，その逆関数は

$$x = \text{qbeta}(z, 0.5, 0.5)$$

で求められます。

図 3.1（上）の灰色の長方形は，自然な目盛 z についての一様分布「$p(z) = $ 一定」の密度関数のグラフです。これを見てわかるように，たとえば $0 \leq x \leq 0.1$ の確率は，$0.4 \leq x \leq 0.5$ の確率より大きくなります。これを強いて x について等間隔に描くと，図 3.1（下）のように，両端で $1/\sqrt{x(1-x)}$ に比例して密度関数を大きくしなければなりません。この $1/\sqrt{x(1-x)}$ の形の事前分布を，2 項分布についての**ジェフリーズの事前分布**（Jeffreys' prior）と呼びます。式で書くと

$$p(x) \propto \frac{1}{\sqrt{x(1-x)}} = x^{-0.5}(1-x)^{-0.5}$$

となり，ジェフリーズの事前分布はベータ分布 Beta(0.5, 0.5) の密度関数です。

> ✎補足 ジェフリーズ（Harold Jeffreys, 1891–1989 年）はイギリスの地球物理学者ですが，ベイズ統計の研究でも有名です。

図 3.1（下）が 2 項分布のジェフリーズの事前分布です。これを見ると，2 項分布は両極端な場合が起こりやすいという錯覚に陥りやすいのですが，これはあくまでも x について均等に目盛った場合の話で，より自然な目盛 z で考えれば一様分布です。

ジェフリーズの事前分布が出現する理由を別の言い方で説明します。まず，最終的に意味があるのは確率密度 $f(x)$ ではなく，それを積分した確率 $\int f(x)dx$ であることに注意してください（定積分の下限・上限を省略して書いています）。積分で変数を置き換えると，置換積分の公式 $\int \ldots dz = \int \ldots (dz/dx)dx$ に従って dz/dx という因子が現れます。この因子がジェフリーズの事前分布です。ここでは

$$\frac{dz}{dx} \propto \frac{1}{\sqrt{x(1-x)}}$$

です。この式を形式的に変形して

$$dz \propto \frac{dx}{\sqrt{x(1-x)}}$$

第 3 章 事前分布の再検討

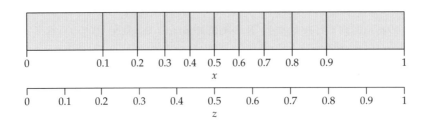

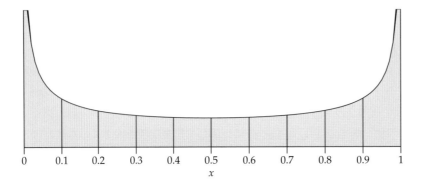

図 3.1 （上）2 項分布のパラメータ x の目盛を $y \sim \mathrm{Binom}(n,x)$ の標準偏差 $\propto \sqrt{x(1-x)}$ に反比例するように付け，その目盛で一様な分布を考える。（下）目盛間の面積を一定に保って，目盛を等間隔に付け直すと，2 項分布のジェフリーズの事前分布（密度が $1/\sqrt{x(1-x)}$ に比例）になる。この分布は両端で発散するが，面積 $\int_0^1 dx/\sqrt{x(1-x)}$ は有限である。

と書くことがあります。これは，z で積分せよと言われたら $\int \ldots dz$ でサンドイッチし，x で積分せよと言われたら $\int \ldots dx/\sqrt{x(1-x)}$ でサンドイッチすればいいことを意味します。このように覚えれば，事前分布 $1/\sqrt{x(1-x)}$ を忘れることが防げます。

> 補足 一般に，ジェフリーズの事前分布 $p(x)$ は，尤度 $p(y \mid x)$ から
> $$(p(x))^2 \propto -E\left(\frac{d^2 \log p(y \mid x)}{dx^2}\right) \tag{3.2}$$
> で求められます。ここで $E(\cdot)$ は期待値です。2 項分布では $p(y \mid x) \propto x^y(1-x)^{n-y}$ であり，$\log p(y \mid x) = y \log x + (n-y) \log(1-x) + 定数$ です。これを x で 2 回微分して $E(y) = nx$ を代入すれば
> $$(p(x))^2 \propto \frac{1}{x(1-x)}$$
> となり，$p(x)$ がベータ分布 $\mathrm{Beta}(0.5, 0.5)$ の密度関数であることが導かれます。

> 補足 式 (3.2) の右辺は**フィッシャー情報量**（Fisher information）と呼ばれる量です。少し先走って正規分布の尤度 (5.1) をこれに代入すると，ちょうど分散の逆数 $1/\sigma^2$ になります。

つまり，式 (3.2) で求めた $p(x)$ は，局所的に正規分布をあてはめたときの $1/\sigma$ に比例します。

✎補足 ジェフリーズの事前分布を改良したものに，ベルナルドの**レファレンス事前分布**（reference prior）があります（Bernardo [6, 7]）。これは，事後分布 $p(x \mid y)$ と事前分布 $p(x)$ の情報としての隔たりを表す**カルバック・ライブラー・ダイバージェンス**（Kullback–Leibler divergence，KL ダイバージェンス，KL 情報量とも呼びます）

$$D = \int p(x \mid y) \log \frac{p(x \mid y)}{p(x)} dx$$

の期待値が最大になるように選んだ事前分布 $p(x)$ です。ただし y としてはモデルから生成したデータの無限列を使います。データが持つ情報を最大限に発揮できるような事前分布というわけです。パラメータが 1 次元の場合は，レファレンス事前分布はジェフリーズの事前分布と一致します。多次元の場合，ジェフリーズの事前分布を多次元に拡張したものはあまりうまくいかないので，独立な個々の次元ごとにジェフリーズの事前分布を使うか，レファレンス事前分布を使います。両者は通常は同じ結果を与えます。

✎補足 いろいろな分布についてジェフリーズの事前分布やレファレンス事前分布を集めたカタログ [8] が便利です。

3.2 分散安定化変換

前節で説明したように，2 項分布 $\mathrm{Binom}(n, x)$ のパラメータ x は

$$z = \int_0^x \frac{dx}{\pi\sqrt{x(1-x)}} = \mathtt{pbeta}(x, 0.5, 0.5)$$

に変換するほうが自然な目盛になり，この目盛での一様な事前分布が，元の x 目盛に戻したときにジェフリーズの事前分布になります。この式は

$$z = \int_0^x \frac{dx}{\pi\sqrt{x(1-x)}} = \frac{2}{\pi} \arcsin\sqrt{x} \tag{3.3}$$

とも変形できます（下の ✎補足 参照）。この右辺の形は，2 項分布の**分散安定化変換**（variance-stabilizing transformation）として，昔からよく使われてきたものです。この arcsin（**アークサイン**）という関数は，サイン（「サイン・コサイン」のサイン）の逆関数で，$\sin^{-1}$ とも書きます。つまり，$x = \sin\theta$ と $\theta = \arcsin x$ は同じことです（$-\pi/2 \le \theta \le \pi/2$）。したがって，上の変換の逆変換は

$$x = \sin^2(\pi z/2)$$

です（この右辺は $(\sin(\pi z/2))^2$ を意味します）。

第 3 章　事前分布の再検討

✏️補足　式 (3.3) の証明は，式 (3.1) と同様に $x = \sin^2\theta$ すなわち $\theta = \arcsin\sqrt{x}$ と置けば

$$\int_0^x \frac{dx}{\pi\sqrt{x(1-x)}} = \int_0^{\arcsin\sqrt{x}} \frac{2}{\pi}\,d\theta = \frac{2}{\pi}\arcsin\sqrt{x}$$

となります。

✏️補足　x から z への変換は，正規化された不完全ベータ関数 $z = I_x(0.5, 0.5)$ でもあります。

R では arcsin は asin() という関数で計算できます。

要するに pbeta(x, 0.5, 0.5) と (2/pi) * asin(sqrt(x)) は数学的には同じことなのですが，コンピュータで計算するときの速度はかなり違います。調べてみましょう。それには microbenchmark パッケージが便利です：

```
> install.packages("microbenchmark") # もしインストールしていないなら
> library(microbenchmark)
> x = runif(10000)
> microbenchmark(pbeta(x,0.5,0.5), 2*asin(sqrt(x))/pi)
Unit: microseconds
                  expr       min        lq      mean    median        uq
   pbeta(x, 0.5, 0.5) 4830.743 4888.6415 5392.5963 5245.3480 5635.353
 2 * asin(sqrt(x))/pi  336.661  341.3915  392.6564  373.9415  404.075
      max neval
 8161.128   100
  659.751   100
```

arcsin のほうが 1 桁以上速いことがわかります。演算の正確さについては，たとえば

```
eps = 1e-14
curve(pbeta(x,0.5,0.5), 0.5-eps, 0.5+eps)
curve(2*asin(sqrt(x))/pi, add=TRUE, col="red")
```

のようにしてプロットして比べてみれば，10^{-15} のオーダーではありますが，やはり arcsin のほうが若干優れていることがわかります。このため，実際の計算では $z = \text{pbeta}(x, 0.5, 0.5)$ の代わりに $z = (2/\pi)\arcsin\sqrt{x}$ を使うことをお勧めします。逆関数も同様で，$x = \text{qbeta}(z, 0.5, 0.5)$ より $x = \sin^2(\pi z/2)$ が 2 桁速くなります。

なお，arcsin の arc は弧という意味です。割合 x の分散安定化変換 $\arcsin\sqrt{x}$ は，図 3.2 のように，弧の長さを使っても説明できます。

✏️補足　分散安定化という意味は，$y \sim \text{Binom}(n, x)$ のとき，$\arcsin\sqrt{y/n}$ の分散が y にあまり依存しないということです。n が十分大きく y/n が 0 や 1 にあまり近くなければ，$\arcsin\sqrt{y/n}$ の分散はほぼ $1/(4n)$ です。

✏️補足　割合の標準偏差 $\sqrt{x(1-x)/n}$ に，変換 pbeta$(x, 0.5, 0.5)$ を微分した dbeta$(x, 0.5, 0.5) = 1/(\pi\sqrt{x(1-x)})$ を掛ければ，pbeta で変換後の標準偏差 $1/(\pi\sqrt{n})$ を得ます。

40

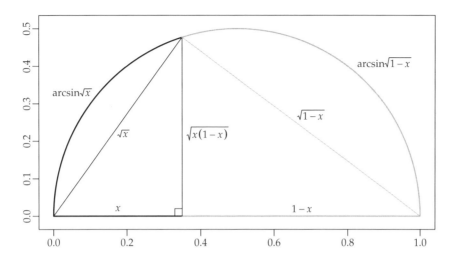

図 3.2 直径 1 の半円で，割合 x に対応する弧の長さ $\arcsin\sqrt{x}$ が，分散安定化変換に相当する。これを弧の全長 $\pi/2$ で割ったものが pbeta$(x, 0.5, 0.5)$ である。

$\arcsin\sqrt{x}$ は，この $\pi/2$ 倍の $1/(2\sqrt{n})$ です。分散なら，この 2 乗の $1/(4n)$ になります。

> 補足　分散安定化変換としては，0 から 1 までの値をとる pbeta$(x, 0.5, 0.5) = (2/\pi)\arcsin\sqrt{x}$ を使うか，図 3.2 のように弧の長さで説明できる $\arcsin\sqrt{x}$ を使うか，それとも分散がほぼ 1 になる $2\sqrt{n}\arcsin\sqrt{x}$ を使うか，いくつかの選択肢があります。

3.3　オッズとロジット

2 項分布 $y \sim \mathrm{Binom}(n, x)$ のパラメータ x をそのまま使うより，分散安定化変換した値 $z \propto \int_0^x dx/\sqrt{x(1-x)}$ を使うほうが，自然な目盛になることを示しました。では，さらに進めて $\int dx/(x(1-x))$ ではどうなるでしょうか。事前分布 $p(x) \propto x^{-1}(1-x)^{-1}$ は，**ホールデン**（J. B. S. Haldane, 1892–1964 年）**の事前分布**とも呼ばれ，ベータ分布 Beta$(0, 0)$ に相当しますが，$\int_0^1 dx/(x(1-x))$ は発散します。このような積分できない事前分布は**インプロパー**（improper，**非正則**，**変則**）であるといいます。逆に，積分できる分布は**プロパー**（proper，**正則**）であるといいます。もちろん $0 \leq x \leq 1$ を諦めてたとえば $0.01 \leq x \leq 0.99$ の範囲に限れば問題ありません。両端を避けて中央 0.5 から積分

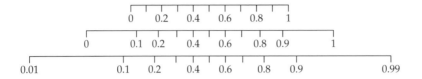

図 3.3 割合を表すいろいろなスケール（目盛）。中央付近の目盛が一致するように描いた。（上）割合 x そのもの，（中）$\arcsin\sqrt{x}$，（下）$\text{logit}(x)$

すれば，

$$\int_{0.5}^{x} \frac{dx}{x(1-x)} = \int_{0.5}^{x} \left(\frac{1}{x} + \frac{1}{1-x}\right) dx = \log x - \log(1-x) = \log \frac{x}{1-x}$$

と変形できます。ここで現れた量 $x/(1-x)$ は**オッズ**（odds）と呼ばれるものです。その対数 $\log(x/(1-x))$ は**対数オッズ**（log odds）または**ロジット**（logit）と呼ばれます：

$$\text{logit}(x) = \log \frac{x}{1-x}$$

実は，割合 x を変換したものとしては，前節で挙げた $(2/\pi)\arcsin\sqrt{x}$ より，この $\text{logit}(x)$ のほうがよく使われています。その理由は，値域（値の範囲）が実数全体 $-\infty < \text{logit}(x) < \infty$ になるためです。たとえば一連の割合 x_i ($i=1,2,\ldots$) に別の量 t_i の1次式を当てはめたいとき，$x_i = at_i + b$ では t_i の値によっては割合 x_i が負になったり1を超えたりして，不適になってしまいます。x_i の代わりにそのロジットを使って $\text{logit}(x_i) = at_i + b$ とすれば，そのような問題は生じません。また，後で出る対数オッズ比はロジットの差でもあります。

図 3.3 は 3 通りの目盛の比較です。

図 3.4 は，横軸をそれぞれ x, $\arcsin\sqrt{x}$, $\text{logit}(x)$ について等間隔で目盛り，尤度 $x^k(1-x)^{n-k}$ を $n=10$, $k=1,2,3,4,5$ についてプロットしたものです。尤度は積分して1になる必要はありませんが，見やすいように，各グラフごとに曲線下の面積が等しくなるように描きました。この図からも，横軸を $\arcsin\sqrt{x}$ で目盛るとグラフがより自然になることがわかります。

3.4 ジェフリーズの事前分布を使った事後分布

ジェフリーズの事前分布 $p(x) \propto 1/\sqrt{x(1-x)} = x^{-1/2}(1-x)^{-1/2}$ を使えば，10 人

3.4 ジェフリーズの事前分布を使った事後分布

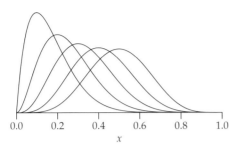
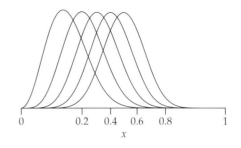
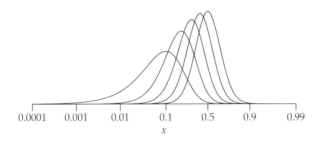

図 3.4 横軸をそれぞれ x（左上），$\arcsin\sqrt{x}$（右上），$\mathrm{logit}(x)$（下）について等間隔で目盛り，尤度 $x^k(1-x)^{n-k}$ を $n=10,\ k=1,2,3,4,5$ についてプロットしたもの。

中 2 人が支持する候補の実際の支持率 x の事後分布は，尤度 $x^2(1-x)^8$ を掛けて，

$$\underbrace{p(x\mid y)}_{\text{事後分布}} \propto \underbrace{x^{-0.5}(1-x)^{-0.5}}_{\text{事前分布}} \times \underbrace{x^2(1-x)^8}_{\text{尤度}} = x^{1.5}(1-x)^{7.5}$$

つまり Beta(2.5, 8.5) となります。

ベータ分布 Beta(α,β) の最頻値が $(\alpha-1)/(\alpha+\beta-2)$ であることを使えば，Beta(2.5, 8.5) の最頻値は $(2.5-1)/(2.5+8.5-2)\approx 0.167$ となり，ジェフリーズの事前分布を使わないときの Beta(3,9) の最頻値 $(3-1)/(3+9-2)=0.2$ と一致しません（図 3.5 左）。

しかし，より自然な目盛 $z=(2/\pi)\arcsin\sqrt{x}$ を使えば，事前分布は $p(z)=$ 一定となり，最頻値は尤度 $x^2(1-x)^8$ が最大になる x に対応する z になります。つまり，自然な目盛の付け方をすれば，最頻値は $x=0.2$ で，変わりません（図 3.5 右）。

補足 $z=(2/\pi)\arcsin\sqrt{x}$ の事後分布と x の事後分布には

$$p(z\mid y)dz = p(x\mid y)dx \quad \text{つまり} \quad p(z\mid y) = p(x\mid y)\frac{dx}{dz}$$

の関係があります。この $dx/dz = \sqrt{x(1-x)}$ が $p(x\mid y)$ の中のジェフリーズの事前分

第 3 章 事前分布の再検討

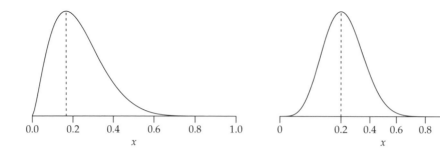

図 3.5　10 人中 2 人が支持者であった場合の，ジェフリーズの事前分布による事後分布。左は x について等間隔な目盛のため $x \approx 0.167$ が最頻値。右は自然な目盛のため $x = 0.2$ が最頻値。

布を打ち消すので，尤度だけ考えればよいことになります：

$$p(z \mid y) \propto x^2(1-x)^8, \qquad x = \sin^2 \frac{\pi z}{2}$$

この最大は $x = 0.2$ つまり $z = (2/\pi)\arcsin\sqrt{0.2}$ のときです。

📝補足　図 3.5 の右側の図は，基本的には

```
curve(dbeta((sin(pi*x/2))^2, 3, 9), 0, 1, xlab="z")
```

で描けます。横軸の目盛を z でなく x にするには，

```
curve(dbeta((sin(pi*x/2))^2, 3, 9), 0, 1, xaxt="n")
axis(1, at=(2/pi)*asin(sqrt(0:5/5)), 0:5/5)
```

とします。実際の図 3.5 左右を描いた R コードはサポートページにあります（ファイル名 betamode1.R, betamode2.R）。

要は，ベイズの定理 $p(x \mid y) \propto p(x)p(y \mid x)$ で $p(x)$ が一定であれば $p(x \mid y) \propto p(y \mid x)$ ですので，事前分布 $p(x)$ が一様となる座標 x を使う限り，尤度を最大にする x と事後分布を最大にする x は一致します。つまり，最尤推定と MAP 推定は一致します。

つまり，ジェフリーズの事前分布を「横軸の目盛の付け方を変えたもの」と見れば最頻値は 0.2 のままで，「横軸はそのままで縦軸を伸ばしたもの」と見れば最頻値は 0.167 に変わります。最頻値は目盛の付け方（変数変換）で変わるので，これはしかたがありません。

一方，確率（密度関数の曲線下の面積）そのものは，目盛によって変わりません。一般には，横軸の目盛をいじると積分が面倒になりますので，縦軸を伸ばす（ジェフリーズの事前分布を掛け算する）ほうが楽です。たとえば 10 人中 2 人が支持者であったときの支持率の事後分布は，一様な事前分布の場合は Beta(3,9) であったのが，ジェフリーズの事前分布 $x^{-0.5}(1-x)^{-0.5}$ を掛け算すれば Beta(2.5, 8.5) になり，支持率 x が過半数である

確率は

```
> pbeta(0.5, 2.5, 8.5, lower.tail=FALSE)
[1] 0.02603661
```

となり，一様事前分布 Beta$(1,1)$ の事後分布 Beta$(3,9)$ で計算した結果

```
> pbeta(0.5, 3, 9, lower.tail=FALSE)
[1] 0.03271484
```

より若干小さい値になります。もっとも，四捨五入して 3% 程度ということは変わりません。

　ジェフリーズの事前分布 $x^{-0.5}(1-x)^{-0.5}$ を掛けることによって，事後分布のベータ分布の α，β が 0.5 ずつ減ります。これは，サンプル中のトランプ派・クリントン派の人数が 0.5 人ずつ減ることに相当します。たった 10 人についてのミニ世論調査なら影響も多少ありますが，実際の世論調査であれば，これによる違いはほとんどありません。したがって，ジェフリーズの事前分布の根拠を理解してもらうのが面倒ならば，割合 x について一様な事前分布を使えばよいでしょう。

> 📝補足　説明が難しいなら簡単なものを使う例として，高校数学の分散の計算 $\sum(y_i - \bar{y})^2/n$ があります。統計学では $\sum(y_i - \bar{y})^2/(n-1)$ を好みますが，$n-1$ の説明が面倒ですし，$n-1$ を n にしても結果はほとんど変わらないので，高校数学では n を使っています。

　なお，横軸を対数オッズ $\log(x/(1-x))$ で目盛ることは，$x^{-1}(1-x)^{-1}$ を事前分布として採用することと同じであり，事後分布のベータ分布の α，β はジェフリーズの場合よりさらに 0.5 ずつ減ります。つまり，ジェフリーズの事前分布を使えば，一様な事前分布で割合を考えることと，一様な事前分布で対数オッズを考えることとの，ちょうど中間の結果を与えます。

3.5　区間推定

　たとえばミニ世論調査で 10 人中 2 人がトランプ支持と答えたなら，従来の頻度主義統計学では `binom.test()` を使って，次のように計算します：

```
> binom.test(2, 10, 0.5)

Exact binomial test

data:  2 and 10
number of successes = 2, number of trials = 10, p-value = 0.1094
```

第 3 章 事前分布の再検討

```
alternative hypothesis: true probability of success is not equal to 0.5
95 percent confidence interval:
 0.02521073 0.55609546
sample estimates:
probability of success
                      0.2
```

これで，2 項分布 $y \sim \mathrm{Binom}(10, x)$ で $x = 0.5$（両陣営の支持率に差はない）を帰無仮説として，データ $y = 2$ を得たときの（両側）p 値（p-value）が 0.1094（約 0.11）であることや，95 % 信頼区間（95 % confidence interval）が $0.025 \le x \le 0.556$ であることが出力されます。信頼区間は $[0.025, 0.556]$ のようにも書きます。

p 値が 0.11 だということを，「帰無仮説（$x = 0.5$）が正しい確率は $1 - 0.11 = 0.89$ である」と誤解する人がたくさんいますが，これはまったくの間違いです。そもそも頻度主義統計学では，2 項分布のパラメータ x は定数であり，「x がこれこれである確率」は考えません（ちなみにベイズ統計では支持率がぴったり $x = 0.5$ になる確率は 0 です。$0.5 - h \le x \le 0.5 + h$ のように幅を持たせれば 0 ではありませんが，$h \to 0$ の極限での確率は 0 です）。

同様に，95 % 信頼区間も，x が 95 % の確率で入る区間だと説明してしまうことが多いのですが，先ほども書いたように，頻度主義統計学では x は定数ですから，x の確率分布を考えることはありません。では x の 95 % 信頼区間とは何なのでしょうか。その定義を平たく言えば，「パラメータ x を任意の値に固定して，そこから $y \sim \mathrm{Binom}(10, x)$ に従って 100 個のデータ y をランダムに生成し，それぞれのデータから『95 % 信頼区間』を求めると，100 個の区間が得られるが，そのうち（平均して）少なくとも 95 個が元の x を含む」です。ですから，得られたデータ 1 個だけから信頼区間を 1 つだけ求めて，「x はこの中に確率 95 % で入っています」と言った途端に，嘘になってしまいます。さらに複雑なことに，2 項分布（一般に離散分布）では上の一般的な定義では信頼区間の求め方が 1 つに定まらず，求め方にいくつかの流儀があります。最もよく使われているもの（R の binom.test() が出力するもの）では，「$y \sim \mathrm{Binom}(n, x)$ を仮定して y の片側 p 値が 0.025 以上になるような x の範囲」を求めます。詳しくは拙著 [1] を参照してください。しかし，このような信頼区間の正しい定義を理解している人はほとんどいません。ましてや，一般の人に説明する際に「真の値はこの区間の中に 95 % の確率で入っています」より難しい説明は受け入れられないことは確実です。

これに対して，ベイズ統計では，データは定数で，パラメータ x は確率変数（確率的に変化するもの）です。ベイズ統計を使えば，文字通りの「x の事後分布が 95 % の確率で入る区間」を求めることができます。この区間を，伝統的な統計学の 95 % 信頼区間と区別して，95 % **信用区間**（credible interval）と呼びます。確信区間，ベイズ信頼区間ということもあります。95 % 信用区間なら，「真の値はこの区間の中に 95 % の確率で入って

いうます」と言って間違いありません。

ただし，どの 95 % を選ぶかという問題があります。

一番簡単なのは両側から 2.5 % ずつ捨てた区間です（図 3.6）。これは equal-tail（無理に訳せば「等裾(とうすそ)」）または central（中央）といった形容詞を付けて呼ばれます。先ほどの問題の事後分布 Beta(2.5, 8.5) の下から 2.5 % の点は qbeta() を使って

```
> qbeta(0.025, 2.5, 8.5)
[1] 0.04405941
```

で求められます。上から 2.5 % の点すなわち 97.5 % の点は

```
> qbeta(0.975, 2.5, 8.5)
[1] 0.5027745
```

で求められます。これらは両方まとめて次のようにして求めるのが楽です：

```
> qbeta(c(0.025,0.975), 2.5, 8.5)
[1] 0.04405941 0.50277450
```

したがって，x の中央 95 % 信用区間は $0.044 \leq x \leq 0.503$ つまり $[0.044, 0.503]$ です。

> 📝補足　qbeta() はいくつものパーセント点をまとめて求められるので，次のようにして中央 95 % 信用区間と中央値（median）を同時に求めると便利です：
>
> ```
> > qbeta(c(0.025,0.5,0.975), 2.5, 8.5)
> [1] 0.04405941 0.21037364 0.50277450
> ```

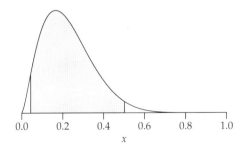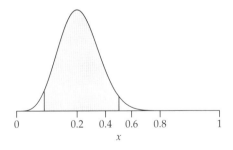

図 3.6　10 人中 2 人が支持者であった場合の，母集団での割合 x の中央（等裾）95 % 信用区間。左は x について等間隔な目盛，右は自然な目盛。どちらも $[0.044, 0.503]$ で，目盛の付け方によらない。

中央信用区間は，比較的簡単に求めることができ，しかも横軸の変数変換に関して不変です。この意味は，たとえば x の中央 95 % 信用区間が $0.044 \leq x \leq 0.503$ であれば，ロ

ジットの中央 95％ 信用区間は logit(0.044) ≤ logit(x) ≤ logit(0.503) になるということです。

ただ，中央区間は好ましくない場合があります。たとえば図 3.7 のような事後分布があったとすると，中央区間は事後分布最大の点（最頻値，MAP 推定値）$x = 0$ を含みません。最頻値を含まない信用区間というのは信用できません。

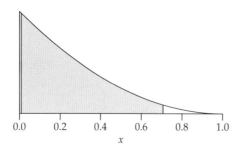

図 3.7 　中央（等裾）信用区間が事後分布最大の点（最頻値，MAP 推定値，左端）を含まない例

そこで，両側から 2.5％ ずつ捨てる代わりに，密度の高いところから 95％ を取ってくる方法が考えられます。この区間を**最高事後密度区間**（highest posterior density interval），略して **HPD 区間**（HPD interval，HPD region）あるいは **HDI**，HDR などと呼びます。これは 95％ 信用区間のうち幅が最小の区間でもあるので，最短 95％ 信用区間と呼んでもよいでしょう。面積が一定なら，高さが高いほど幅は狭くなるからです。

最短 95％ 区間を求めるには，次のようにして幅 qbeta($p + 0.95, \alpha, \beta$) − qbeta(p, α, β) を $0 \leq p \leq 0.05$ の範囲で最小化する確率 p を求めます：

```
> f = function(p) qbeta(p+0.95,2.5,8.5)-qbeta(p,2.5,8.5)
> p = optimize(f, c(0,0.05), tol=1e-8)$minimum
> qbeta(c(p,p+0.95), 2.5, 8.5)
[1] 0.0234655 0.4618984
```

つまり [0.023, 0.462] になります（図 3.8）。

ただ，「最小の幅」も，「事後分布最大」も，目盛の付け方に依存することを忘れてはなりません。

ジェフリーズの事前分布のところで説明した目盛の付け方を採用するのであれば，事後分布も同じようにしなければ一貫性がありません。そこで，横軸の目盛を $\arcsin\sqrt{x}$ に付け直し，逆に高さはジェフリーズの事前分布を掛け算しないようにすれば，図 3.9 のようになります。グラフが左右対称に近くなったことに注目してください。

この場合，幅を最小化するには，qbeta($p + 0.95, \alpha, \beta$) − qbeta(p, α, β) を最小化する

3.5 区間推定

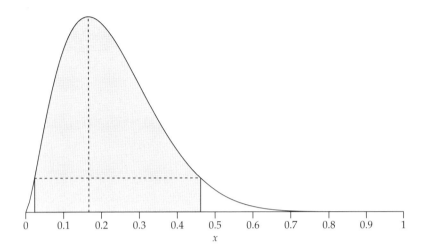

図 3.8　10 人中 2 人が支持者であった場合の，母集団での割合 x の最短 95％ 信用区間。最頻値（事後分布最大の点）$(2.5 - 1)/(2.5 + 8.5 - 2) \approx 1.667$ も示した。最短信用区間は必ず最頻値を含む。

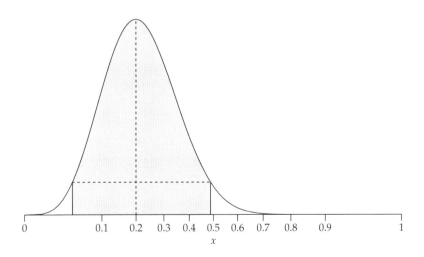

図 3.9　図 3.8 で，横軸を $\arcsin\sqrt{x}$ に比例する目盛にした。最頻値や最短 95％ 信用区間は変わる。

第 3 章 事前分布の再検討

のではなく，それぞれの項を $\arcsin\sqrt{x}$ で変換したものの差を最小化しなければなりません。つまり，

```
f = function(p) {
  asin(sqrt(qbeta(p+0.95,2.5,8.5))) - asin(sqrt(qbeta(p,2.5,8.5)))
}
p = optimize(f, c(0,0.05), tol=1e-8)$minimum
qbeta(c(p,p+0.95), 2.5, 8.5)
```

とします。結果は $[0.039, 0.488]$ になります。同時に，事後確率最大の点も，最尤推定値 $x = 0.2$ に戻ります。

問 2 2016 年 9 月 17 日の毎日新聞によれば，2020 年度に英語が小学校高学年で正式教科になることについて小学校教員 100 人に聞いたところ，45 人が反対したという。母集団における反対者の割合の信用区間と，反対者の割合が半分を超える確率を求めよ。

答 まず，このようなアンケート調査では，対象となる 100 人を本当にランダムに選んだかが問題になる。しかしそれはここでは不問とする。

反対者 45 人，それ以外 55 人の場合，ジェフリーズの事前分布 Beta(0.5, 0.5) を使えば，反対者の割合 x の事後分布は $x \sim \text{Beta}(45.5, 55.5)$ となる。この中央 95 ％ 信用区間は，ベータ分布の分位関数 qbeta() を使って求められる：

```
> qbeta(c(0.025, 0.975), 45.5, 55.5)
[1] 0.3550769 0.5477710
```

結果は $[35.5, 54.8]$ で，かなり広い。$x > 0.5$ の確率は

```
> pbeta(0.5, 45.5, 55.5, lower.tail=FALSE)
[1] 0.1586579
```

で，15.9 ％ ほどである。　　　　　　　　　　　　　　　　　　　　　　　　　□

上の問題の最後の結果は，「仮に全数調査したならば反対者が過半数になる確率は 15.9 ％ である」と言い換えることができます。このような結果は，ベイズ統計でないと出せません。

> ✎補足　なぜ「95 ％」信用区間でしょうか。古典的には p 値が 0.05 未満であれば「統計的に有意」とする習慣から，95 ％ 信頼区間が帰無仮説を含まなければ統計的に有意だと判断できるのが便利でした。ベイズ統計学では「統計的に有意かどうか」を考える必要がないので，95 ％ にこだわる必要はありません。物理学では平均 ± 標準誤差を使うことが多いので，それに相当する 68 ％ 信用区間が便利です。中央 68 ％ 信用区間は
>
> ```
> > quantile(x, pnorm(c(-1,1)))
> ```

で求められます。特に，複雑なシミュレーションで多数の数値が得られない場合は，95％区間より標準誤差 sd(x) または 68％区間のほうが安定した値が得られます。68％区間から 95％区間を求めるには，ほぼ正規分布と仮定して，約2倍（1.96倍）します。

3.6 信頼区間とベイズ信用区間の比較

図 3.10, 3.11 はそれぞれ 10 人中 y 人，100 人中 y 人がトランプ支持と答えた場合の支持率 x の頻度主義統計学の 95％信頼区間と，ジェフリーズの事前分布を使ったベイズ 95％信用区間とを比較したものです。考え方としてはまったく違う区間ですが，結果的には似たり寄ったりで，ベイズのほうが若干狭い傾向にあることがわかります。

信頼区間とベイズ信用区間のもう1つの比較の方法として，ベイズ信用区間を信頼区間とみなして，信頼区間の良さを表す**カバレッジ**（coverage）を求めることがあります。カバレッジとは，与えられた2項分布のパラメータ n, x について，実際に $y \sim \mathrm{Binom}(n, x)$ を乱数で生成し，そのそれぞれの y から信頼区間 $[c_1, c_2]$ を求め，それが $c_1 \leq x \leq c_2$ を満たす確率です。図 3.12 のように，横軸に x，縦軸にカバレッジをプロットすると，95％信頼区間なら 0.95（点線）と一致するのが理想です。しかし，2項分布のような離散分布（データ y がとびとびの値しかとらない）の場合，完全に一致させるのは無理で，頻度主義統計学で一般に使われる方法では，0.95 より大きめになるように設計されています。最も広く使われている方法（R の binom.test() の方法）では，図 3.12 上のように，かなり 0.95 より大きくなります。つまり，必要以上に広い信頼区間になってしまっています。ベイズ信用区間は目標値 0.95 の両側を振動するような振る舞いをします。特に，図 3.12 のように自然な目盛でグラフを描けば，だいたい上下対称に位置します。図 3.12 では最短区間を使いましたが，中央区間を使えば図 3.13 のようになります。

なお，上では「$y \sim \mathrm{Binom}(n, x)$ を乱数で生成し」と書きましたが，実際に乱数を使わなくても，次のようにすれば求めることができます：

```r
binomHPD = function(n, y) {
  a = y + 0.5
  b = n - y + 0.5
  f = function(x) {
    asin(sqrt(qbeta(x+0.95,a,b))) - asin(sqrt(qbeta(x,a,b)))
  }
  x = optimize(f, c(0,0.05), tol=1e-8)$minimum
  qbeta(c(x,x+0.95), a, b)
}

HPD = sapply(0:10, function(y) binomHPD(10,y))
f = function(x) {
```

第 3 章 事前分布の再検討

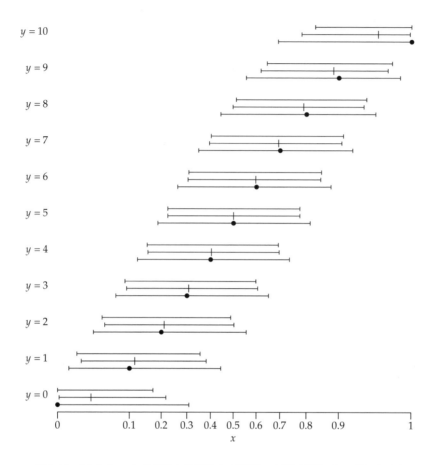

図 3.10 10 人中 y 人が支持する候補の支持率の 95％区間。3 つずつあるものの 1 番下は古典的な `binom.test()` による信頼区間（黒丸は最尤推定値）。中央は事後分布の 2.5％, 50％, 97.5％点，一番上は最大事後密度（最短）95％区間。いずれもジェフリーズの事前分布が一様分布になるような横軸目盛 $z = \mathrm{pbeta}(x, 0.5, 0.5)$ で描かれている。

```
  p = dbinom(0:10, 10, x)
  sum(p * (HPD[1,] <= x & x <= HPD[2,]))
}
plot(Vectorize(f), n=1001)
```

▶補足 上の関数 `f` をプロットしようとして `plot(f)` と打ち込むと「長いオブジェクトの長さが短いオブジェクトの長さの倍数になっていません」のようなわけのわからないエラーメッセージが出ます。これは，関数 `f` の引数にベクトルを与えられないからです。つまり，`f(0.5)` や `f(0.6)` を個々に計算することはできますが，これらを一度に求めようとして

3.6 信頼区間とベイズ信用区間の比較

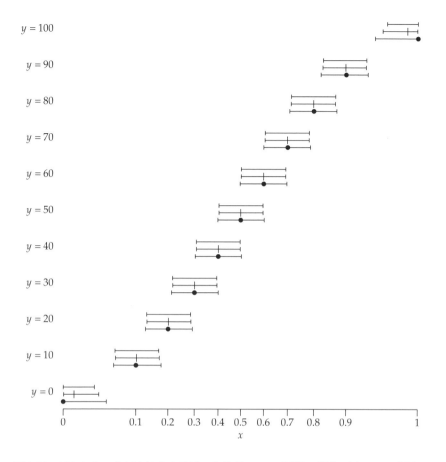

図 3.11 100 人中 y 人が支持する候補の支持率の 95％区間。説明は図 3.10 を参照してください。

f(c(0.5,0.6)) のようにするとエラーになります。この場合は，引数をベクトル化する関数 Vectorize() を使って f の代わりに Vectorize(f) とするのが簡単です。

まとめると，無情報事前分布を使う限り，古典的な信頼区間もベイズ信用区間も，似たり寄ったりです。2 項分布のような離散分布ではベイズ信用区間のほうが少し狭くなる傾向がありますが，正規分布（第 5 章）ではまったく同じ結果になります。

古典的な x の 95％信頼区間を「x が 95％の確率で入る区間」と言うと「にわかベイジアン」と呼ばれたり「信頼区間警察」が出動したりしますが，考え方はまったく違うものの，無情報事前分布を使う限り，たいした違いはありません。ベイズ信用区間の良さは，結果の説明が簡単なことと，複雑な場合でも計算しやすいことです。本書中の例では，87 ページの問 6 のような条件が付いた信頼区間は，古典的な統計学ではたいへん面倒です

第 3 章 事前分布の再検討

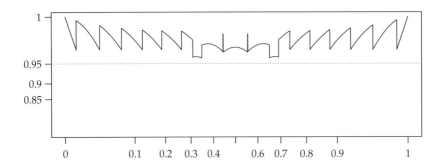

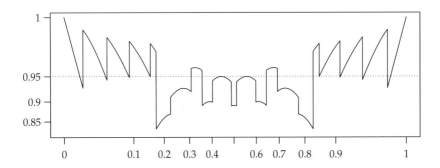

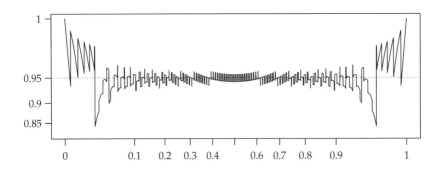

図 3.12　カバレッジの比較。(上) $\mathrm{Binom}(10, x)$ の `binom.test()` による 95％信頼区間。(中) $\mathrm{Binom}(10, x)$ の最短 95％信用区間。(下) $\mathrm{Binom}(100, x)$ の最短 95％信用区間。

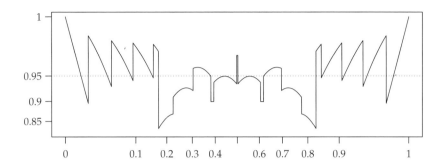

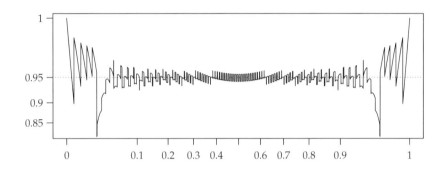

図 3.13 カバレッジの比較。(上) $\mathrm{Binom}(10, x)$ の中央 95％信用区間。(下) $\mathrm{Binom}(100, x)$ の中央 95％信用区間。

が，ベイズ信用区間なら簡単に求められます。

もちろん無情報でない（より妥当な）事前分布を使えば，より狭い（より妥当な）信用区間を得ることも可能です。

3.7　シミュレーションによる方法

復習です。10 人中 2 人がトランプ支持者だったとします。本当の（母集団の）支持率を x とすると，ジェフリーズの事前分布を使えば，x はベータ分布 $\mathrm{Beta}(2.5, 8.5)$ に従う確率変数だということがわかりました。

確率変数とは，コンピュータの言葉でいえば乱数です。そこで，実際に $\mathrm{Beta}(2.5, 8.5)$ に従う乱数を 1000 万個くらい作ってみましょう。1000 万は 10000000 ですが，0 を数えるのが面倒なので，10^7 の意味で `1e7` と書くほうが便利です：

第 3 章　事前分布の再検討

```
> x = rbeta(1e7, 2.5, 8.5)
```

コンピュータが速くなったので，1000 万個くらい 1〜2 秒で作ってしまいます。容量的にも 1000 万個の数値は 80 M バイト程度です。

> ✎補足　変数（オブジェクト）のメモリ使用量を調べるには object.size() を使います：
>
> ```
> > object.size(x)
> 80000040 bytes
> ```
>
> 数値（double 型）1 個につき 8 バイトのメモリを使用し，それ以外に管理情報として 40 バイト使っていることがわかります。今どきのコンピュータは G（ギガ）バイト単位のメモリを積んでいるので，80 M（メガ）バイトくらい屁でもありません。

　なお，乱数を使ったシミュレーションによる方法は，毎回少し異なる結果になります。これが困る場合は，あらかじめ乱数の種（seed）を自分の好きな値に設定してから計算します：

```
> set.seed(12345678)        # 12345678を乱数の種に設定する
> x = rbeta(1e7, 2.5, 8.5)
```

ヒストグラムを描いてみましょう。

```
> hist(x)
```

もうちょっと見やすく，図 3.14 上のように描くには，次のようにします。

```
> hist(x, breaks=seq(0,1,0.01), freq=FALSE, col="gray")
```

これを見ると最頻値は $x \approx 0.167$ であるように見えます。ただ，この x は，第 3.1 節で説明した意味で自然な目盛ではありません。x について等間隔にビン分けしてヒストグラムを描くのではなく，自然な目盛 $z = (2/\pi) \arcsin \sqrt{x}$ に変換して，z について等間隔にビン分けしてヒストグラムを描き，目盛だけ x に換算して付けるほうが理屈にかなっています。

```
> z = (2/pi) * asin(sqrt(x))
> hist(z, breaks=seq(0,1,0.01), freq=FALSE, col="gray", axes=FALSE)
> axis(1, at=(2/pi)*asin(sqrt((0:10)/10)), labels=(0:10)/10)
> axis(2)
```

そのようにしたものが図 3.14 下です。これを見ると，単純な最尤推定値 0.2 が最頻値になっていることがわかります。

　以下の計算結果は，小数第 3 位くらいまでしか正しくありませんが，これで十分な精度です。

3.7 シミュレーションによる方法

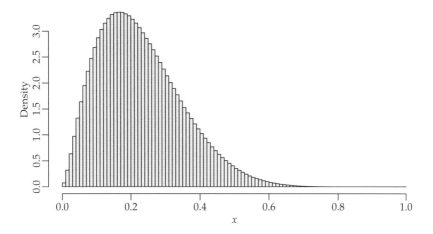

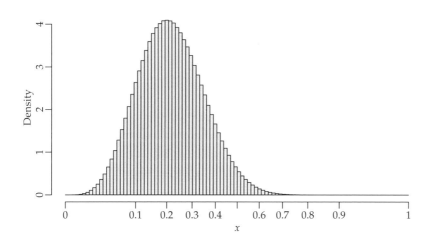

図 3.14 10 人中 2 人が支持者だったとき，シミュレーションで求めた母集団での支持率 x の事後分布。ジェフリーズの事前分布を使った。上は x について等間隔な目盛，下は $z = (2/\pi) \arcsin \sqrt{x}$ について等間隔な目盛。

x の中央値（メディアン）は

```
> median(x)
[1] 0.2103064
```

です。これは (sin(pi*median(z)/2))^2 のように z に直してから中央値を求めて x に戻しても，当然ながら同じ結果になります。つまり，中央値は変数変換によりません。も

第3章　事前分布の再検討

し元のパラメータ x を変換して分布がほぼ左右対称になる目盛にしたならば，そこでは平均値も中央値も最頻値も同じ値をとるでしょう。それらの値を x に戻したものの中で，中央値だけが x の中央値と等しくなります。この意味で，中央値はもっと使われてよいものです。

最後に，$x > 0.5$ である割合は

```
> mean(x > 0.5)
[1] 0.0260141
```

です。これも mean(z > 0.5) としても同じ結果になります。

3.8　シミュレーションによる信用区間の推定

上と同様にして Beta(2.5, 8.5) の乱数を 10^7 個生成します。

```
> set.seed(12345678)
> x = rbeta(1e7, 2.5, 8.5)
```

この中央 95 % 信用区間は

```
> quantile(x, c(0.025,0.975))
      2.5%       97.5%
0.04403125 0.50270036
```

です。中央信用区間は，変数変換に依存せず，計算も楽なので，シミュレーションではよく用いられます。

📝**補足** これも中央値（median）と同時に求めることができます：

```
> quantile(x, c(0.025,0.5,0.975))
      2.5%         50%       97.5%
0.04403125 0.21030641 0.50270036
```

最短 95 % 信用区間は次のようにして求められます。たとえば 100 個の値があったとすると，まず $x_1 \leq x_2 \leq \cdots \leq x_{100}$ のように整列します。100 個の 95 % は 95 個ですので，$[x_1, x_{95}]$, $[x_2, x_{96}]$, $[x_3, x_{97}]$, $[x_4, x_{98}]$, $[x_5, x_{99}]$, $[x_6, x_{100}]$ はどれも 95 % 信用区間です。このうち範囲の幅の最も狭いものを選びます。

上の手順を実行する関数 hpd() は次のようにして作れます：

```
hpd = function(x) {
  x = sort(x)        # 整列。ローカル変数なので元のxは変わらない
```

58

3.8 シミュレーションによる信用区間の推定

```
  n = length(x)
  h = floor(n/20)   # 四捨五入なら floor((n+10)/20)
  x1 = x[1:(h+1)]
  x2 = x[(n-h):n]
  k = which.min(x2 - x1)
  c(x1[k], x2[k])
}
```

これを使えば，先ほどの x = rbeta(1e7, 2.5, 8.5) の最短 95 ％ 区間は

```
> hpd(x)
[1] 0.02315747 0.46148612
```

となります。

> 📎補足 floor(n/20) は切り捨てます。四捨五入なら floor((n+10)/20) とします。一方，round(n/20) は四捨五入に似ていますが，2 つの整数から等距離の場合は，偶数に丸めます。つまり round(1.5) も round(2.5) も 2 になります。

> 📎補足 上に定義した hpd() と同じことは，たとえばパッケージ coda の HPDinterval() を使ってもできます：
>
> ```
> > install.packages("coda")
> > library(coda)
> > HPDinterval(as.mcmc(x))
>             lower     upper
> var1 0.02315747 0.4614866
> attr(,"Probability")
> [1] 0.95
> ```
>
> パッケージ HDInterval の hdi() も同様です：
>
> ```
> > install.packages("HDInterval")
> > library(HDInterval)
> > hdi(x)
>      lower      upper
> 0.02315747 0.46148658
> attr(,"credMass")
> [1] 0.95
> ```
>
> これらは上述の hpd() と違って，100 個の値の最短 95 ％ 信用区間を探すときに 96 個の列 $[x_1, x_{96}]$, $[x_2, x_{97}]$, $[x_3, x_{98}]$, $[x_4, x_{99}]$, $[x_5, x_{100}]$ を調べるようです。

最短 95 ％ 信用区間は目盛の付け替えに依存します。$z = (2/\pi) \arcsin \sqrt{x}$ に変換してから最短 95 ％ 信用区間を求め，x に戻すと，

```
> z = (2/pi) * asin(sqrt(x))
> (sin(pi*hpd(z)/2))^2
```

第 3 章 事前分布の再検討

```
[1] 0.03913638 0.48809581
```

のようになり，x の最短 95 ％ 区間とは微妙に異なります。

このほかに，正規分布に近い場合は単純に「平均 $\pm 1.96 \times$ 標準偏差」で 95 ％ 信用区間を求める方法も考えられます（1.96 は正確には qnorm(0.975) で求められる値）。図 3.15 は，この方法と，中央 95 ％ 信用区間，最短 95 ％ 信用区間の上限が，シミュレーションごとにどれくらい変動するかを箱ひげ図で示したものです。具体的には，平均 0，分散 1 の正規分布の乱数を 1 万個生成し，これらの方法で信用区間の上限を求めることを 1 万回繰り返しました：

```
q = qnorm(0.975)
n = 1e4
f = function() {
  x = sort(rnorm(n))
  h = floor(n/20)
  x1 = x[1:(h+1)]
  x2 = x[(n-h):n]
  k = which.min(x2 - x1)
  c(mean(x)+q*sd(x), x[0.975*n], x2[k])
}
r = replicate(1e4, f())
boxplot(t(r), names=c("1.96sd", "central", "hpd"))
```

この結果（図 3.15）から，最短信用区間はシミュレーションでの推定がやや不安定であることがわかります。

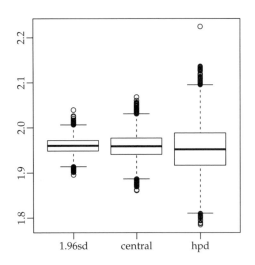

図 3.15　平均に標準偏差の 1.96 倍を足した値，中央 95 ％ 信用区間の上限，最短 95 ％ 信用区間の上限の比較

3.9 シミュレーションによる最頻値の推定

　シミュレーションによって得られた数値の列から最頻値（mode）を推定することは，たいへん難しく，どんな場合にも良い結果を与える方法はなさそうです。

　簡単で頑健な方法として，最短信用区間を推定する方法の応用があります。たとえば最短 1％信用区間の中点が最頻値の推定になります。これの改良として，**HSM**（half-sample mode）と呼ばれる次のような方法があります [10]。まず前節で説明した方法で最短 50％信用区間を推定します（50％である必要はありませんが，これがよく使われます）。最頻値はこの中に入っているはずです。この区間に対して，さらに最短 50％信用区間を推定します。これをどんどん繰り返すと，個数が次々にほぼ半分になります。3 個になれば最も離れた 1 つを捨てます。2 個以下になればその平均を出力して終えます。R では最頻値を推定するパッケージ modeest の mlv() 関数にオプション method="hsm" を与えればこれになります：

```
> install.packages("modeest")
> library(modeest)
> x = rbeta(1e7, 2.5, 8.5)
> mlv(x, method="hsm")
Mode (most likely value): 0.1635758
Bickel's modal skewness: 0.3095892
Call: mlv.default(x = x, method = "hsm")
```

余計な情報が不要で最頻値だけ求めたい場合は

```
> mlv(x, method="hsm")$M
[1] 0.1635758
```

のように $M を付けます。Beta$(2.5, 8.5)$ の正確な最頻値 $(2.5 - 1)/(2.5 + 8.5 - 2) =$ $3/18 \approx 0.1666667$ と比べて，2 桁しか正しくありません（もともとの分布 Beta$(2.5, 8.5)$ が広い分布だからです）。

　ほかにもいろいろな方法があります（上記 mlv() のヘルプ参照）。ここでは R 本体だけでできる簡単な方法を 1 つ紹介します。それには，まず**カーネル密度**（kernel density）というものを推定します。そのための関数が density() です。たとえば

```
> x = rbeta(1e7, 2.5, 8.5)
> plot(density(x))
```

と打ち込めば滑らかな密度関数が描かれます。このとき**バンド幅**（bandwidth）というものが出力されるので，もし密度関数が滑らかでなければ

第3章　事前分布の再検討

```
plot(density(x, 0.01))
```

のように，いま出力されたバンド幅より少し大きい値を指定してみます。最頻値が推定できるほど滑らかになったならば，

```
d = density(x)   # 必要があれば density(x, 0.01) のようにバンド幅も指定
d$x[which.max(d$y)]
```

と打ち込めば最頻値が出力されます。たとえば

```
> x = rbeta(1e7, 2.5, 8.5)
> d = density(x)
> d$x[which.max(d$y)]
[1] 0.1647099
```

となります。ただしこの方法は最頻値が区間の端点のときはうまくいきません。また，density() は区間をデフォルトでは 512 に区切って調べるので，精度を上げるためにはたとえば density(x, n=4096) のように区切りを増やします。

　平均 0，分散 1 の正規分布の乱数を 1 万個生成し，その平均値，中央値，HSM 法による最頻値，カーネル密度による最頻値を求めることを 1 万回繰り返し，箱ひげ図を描くと，図 3.16 のようになります。

```
library(modeest)
f = function() {
  x = rnorm(1e4)
  d = density(x)
  c(mean(x), median(x), mlv(x, method="hsm")$M, d$x[which.max(d$y)])
}
r = replicate(1e4, f())
boxplot(t(r), names=c("mean", "median", "hsm", "density"))
```

　最頻値は理論的には便利な性質を持っていますが，シミュレーションから求める際の誤差が大きいのが欠点です。可能なら中央値を使いたいところですが，すでに挙げた図 3.7 のような場合，さらには図 6.3（134 ページ）のような，制約で一部が欠けたような分布の場合，中央値や平均値はあまり意味を持たなくなります。機械的に 1 つの方法を適用するのではなく，分布を頭に描いて考えることが望ましいといえます。

3.10　予測分布

10 人中 $y = 2$ 人がトランプ支持と答えたとき，支持率 x の事前分布がジェフリーズの

3.10 予測分布

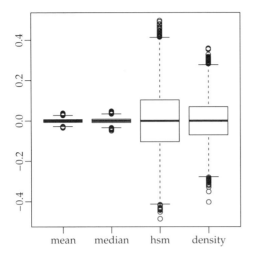

図 3.16 平均値 (mean), 中央値 (median), HSM 法による最頻値 (hsm), カーネル密度による最頻値 (density) の比較。シミュレーションによる最頻値の推定は難しいことがわかる。

事前分布 Beta(0.5, 0.5) ならば，事後分布は

$$x \sim \text{Beta}(2.5, 8.5)$$

でした。では，もう一度別の 10 人をランダムに選んで聞いたとして，トランプ支持と答える人数（y の上に波印(チルダ)を付けて $\tilde{y}$ と表す）の分布はどうなるでしょうか。

つまり，データ y を使って，2 項分布のパラメータ x の分布を求め，それを使って将来のデータ $\tilde{y}$ を予測するわけです。この $\tilde{y}$ の分布を**予測分布**（predictive distribution）と呼びます。

これもシミュレーションで考えればわかりやすいでしょう。まず $y = 2$ が与えられたときの x を乱数でたとえば 10 万個作ります：

```
> x = rbeta(1e5, 2.5, 8.5)
```

このそれぞれの x の値について，2 項分布 Binom(10, x) によって新しいデータ $\tilde{y}$ を発生させます。それには，

```
> yt = sapply(x, function(x) rbinom(1, 10, x))
```

とします。これを棒グラフしてみましょう：

```
> barplot(table(yt))
```

別の方法として，

```
> ytilde = sapply(0:10, function(r) mean(dbinom(r, 10, x)))
```

第 3 章 事前分布の再検討

として barplot(ytilde, names.arg=0:10) でもかまいません。結果は図 3.17 のようになります。

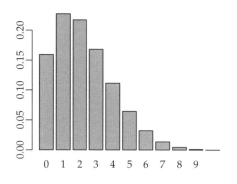

図 3.17 10 人に聞いて 2 人がトランプ支持と答えたとき，別の 10 人に聞けば何人がトランプ支持と答えるかの予測分布

問題によっては，見えないパラメータ x の分布よりも，もう一度同じことが起こった場合にどれくらいの値になるかという「見える値」の分布のほうが役に立ちます。そのようなときには予測分布を使います。

> 📝補足　予測分布が元のデータと（何らかの意味で）一致するのが良いベイズ推定だという考え方もありえます。一致するという意味を，期待値が一致するという意味で解すると，上の場合の予測分布の期待値は 2 項分布のパラメータ x の事後分布の期待値の 10 倍に等しく，一様な事前分布では 2.5，ジェフリーズの事前分布では $25/11 \approx 2.27$，ホールデンの事前分布 $p(x) \propto x^{-1}(1-x)^{-1}$ では 2 で，ホールデンの事前分布による期待値がデータの平均値に一致します。ではホールデンの事前分布を使うのが良いかといえば，必ずしもそうとは言えません（次の問参照）。

問 3 将棋の公式戦で 29 戦 29 勝した。30 戦目にも勝つ確率はどれだけか。各回の勝敗は独立，勝率は一定と仮定する。

答　29 戦 29 勝した時点の勝率 x の事後分布は，一様な事前分布では Beta(30,1)，ジェフリーズの事前分布では Beta(29.5, 0.5) である。その密度関数を $f(x)$ とすると，次に勝つ確率は $\tilde{y} = \int_0^1 x f(x) dx$ である。これはベータ分布 Beta(α, β) の平均値 $\alpha/(\alpha+\beta)$ に等しい。したがって，一様な事前分布では 30/31，ジェフリーズの事前分布では 29.5/30 となる。なお，ホールデンの事前分布を使えば，事後分布は Beta(29,0)，その平均値は形式上 1 で，次は必ず勝つことになる。　□

> 📝補足　2017 年 6 月 26 日，中学生棋士の藤井聡太四段が公式戦連勝記録を 29 に更新しました。上の問いはそのときの「確率 1/536870912」という意味不明なネットの賞賛の声にヒントを得て作ったものです。古典的な統計学では「勝率 1/2」という帰無仮説に基づいて p

値を計算しますが，ベイズ統計学ではパラメータ x の事後分布と次の対戦の予測分布に興味があります。ちなみに藤井四段の連勝は 29 で止まりました。

✎補足 上の問題の事後分布を求める方法は，「勝敗にそれぞれ 1/2 を加える」（ジェフリーズの事前分布の場合）または「勝敗にそれぞれ 1 を加える」（一様な事前分布の場合）という覚え方をすることができます。たとえば 29 勝 0 敗の勝敗にそれぞれ 1 を加えれば 30 勝 1 敗なので，$30/(30+1) = 30/31$ が次に勝つ確率になります。このような考え方を**ラプラス・スムージング**（Laplace smoothing, additive smoothing）といいます。これは，「今までに太陽が昇る日は n 回，太陽が昇らない日は 0 回であったから，明日も必ず太陽が昇ると結論してよいか」という問題に関連して考えられました。明日太陽が昇る確率は $(n+1)/(n+2)$ だとする考え方を**ラプラスの継起則**（Laplace's rule of succession）と呼びます。類似の方法として，（次の節で述べる）オッズ比を計算する際に 0 があれば全体に 1/2 を加えることや，古典統計のカイ 2 乗検定などで 0 に近い個数があれば全体に 1/2 を加える連続性補正（continuity correction）があります。ベイズ統計ではこのようなアドホックな（その場限りの）ルールは不要です。

3.11 オッズとオッズ比

10 人中 2 人がトランプ支持者でした。支持率は $2/10 = 0.2$ です。

同じことですが，2 人がトランプ支持者，8 人がトランプ不支持者でした。トランプの**オッズ**（odds）は $2/8 = 0.25$ です。

オッズは疫学（病気の統計学）でもよく使われます。たとえばタバコを吸う人と吸わない人で病気になる・ならない人数を調べたところ，次の表のようになったとします（架空のデータです）。このような縦横に集計した表を**分割表**（contingency table）といいます。

	病気あり	病気なし
喫煙あり	$a = 12$	$b = 6$
喫煙なし	$c = 5$	$d = 12$

タバコを吸う場合のオッズは $a/b = 12/6$，吸わない場合のオッズは $c/d = 5/12$ です。これらの比，つまり**オッズ比**（odds ratio, OR）は

$$OR = (a/b)/(c/d) = (12/6)/(5/12) = 4.8$$

です。オッズ比は表の縦横を転置しても変わらない，つまり $\begin{pmatrix} a & b \\ c & d \end{pmatrix}$ を $\begin{pmatrix} a & c \\ b & d \end{pmatrix}$ にしても変わらないという便利な性質があります。

✎補足 古典的な統計学でオッズ比の p 値や 95% 信頼区間を求めるには，いろいろな方法があり

第 3 章 事前分布の再検討

ます [1, 第 5 章]。最も簡単でよく使われる方法は，オッズ比の対数

$$\log \mathrm{OR} = \log a - \log b - \log c + \log d$$

が良い近似で正規分布に従うことを使います。個数 $a, \ldots, d$ がそれぞれ独立にポアソン分布（後述）に従うと仮定すれば，個数の分散は個数の期待値と等しいので，個数の期待値を観測された個数で代用すれば，$V(a) = a$ したがって $V(\log a) = (d \log a/da)^2 V(a) = (1/a)^2 a = 1/a$ と近似できます。つまり，オッズ比の対数の分散は

$$V(\log \mathrm{OR}) \approx 1/a + 1/b + 1/c + 1/d$$

と近似できます。上の例ではこれは $1/12 + 1/6 + 1/5 + 1/12 \approx 0.533$ となるので，$\log \mathrm{OR} \sim \mathcal{N}(\log 4.8, 0.533)$ という正規分布で近似できます。正規分布の 95 % 信頼区間は $\pm 1.96\sigma$（正確には qnorm(0.975) ≈ 1.959964）であることを使えば，

```
> a = 12; b = 6; c = 5; d = 12
> exp(log((a/b)/(c/d)) + qnorm(c(0.025,0.975)) * sqrt(1/a+1/b+1/c+1/d))
[1]  1.147127 20.084959
```

で，95 % 信頼区間は $[1.15, 20.08]$ になります。これ以外にもいろいろな求め方があり，フィッシャーの正確検定 fisher.test() を使えば OR = 4.57，95 % 信頼区間は $[0.95, 25.72]$ になります。

📝**補足** $V(\log \mathrm{OR}) \approx 1/a + 1/b + 1/c + 1/d$ を使う方法では個数のどれかが 0 になると計算できません。この場合は各個数に 0.5 を加えるといった便法がよく使われますが，必ずしも良い結果を与えるわけではありません。もっと良い方法は後述します。

オッズ比の事後分布を調べてみましょう。

オッズ a/b と割合 $x = a/(a+b)$ には $a/b = x/(1-x)$ の関係があります。したがって，a と b を与えて，ジェフリーズの事前分布を使い，事後分布として乱数で n 個のオッズを作る関数は，次のようになります：

```
odds = function(n, a, b) {
  x = rbeta(n, a+0.5, b+0.5)
  x/(1 - x)
}
```

これを使えば，先ほどの表のオッズ比の事後分布を 1000 万個求めるには

```
oddsratio = odds(1e7, 12, 6) / odds(1e7, 5, 12)
```

とできます。中央値と中央の 95 % 信用区間は

```
> quantile(oddsratio, c(0.025,0.5,0.975))
     2.5%       50%      97.5%
 1.196924  4.713666 21.026667
```

3.11 オッズとオッズ比

です。ただ，同じシミュレーションを数回やってみるとわかるように，3 桁くらいしか確かでありません。たとえば 97.5％ 点は 21.0 あたりまでしか確かでありません。

度数分布図を

> hist(oddsratio, breaks=1000, xlim=c(0,50), freq=FALSE, col="gray")

のようにして描くと，図 3.18 のように歪んだ分布であることがわかります。したがって，このままの目盛で平均値や最頻値や最短信用区間を求めるべきではありません。

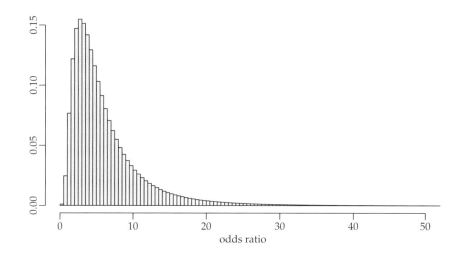

図 3.18 分割表 $\begin{pmatrix} 12 & 6 \\ 5 & 12 \end{pmatrix}$ のオッズ比の事後分布（実際は右にずっと伸びているが省略した）

オッズ比は，図 3.19 のように，対数にするとほぼ左右対称の素直な分布になることが知られています：

> hist(log(oddsratio), breaks=100, freq=FALSE, col="gray")

対数オッズ比の最短 95％ 信用区間をオッズ比に戻すと，次のようになります：

> exp(hpd(log(oddsratio)))
[1]   1.162032 20.352423

同様に，対数の平均の指数関数 $\exp(\text{mean}(\log(\text{oddsratio}))) \approx 4.79$，対数の分散 $\text{var}(\log(\text{oddsratio})) \approx 0.532$ で，$(a/b)/(c/d) = 4.8$，$1/a + 1/b + 1/c + 1/d \approx 0.533$ とよく一致します。

値 0 のセルがある場合にもベイズ事後分布は使えます。たとえば $(a,b,c,d) = (1,9,0,10)$ のとき，

第 3 章 事前分布の再検討

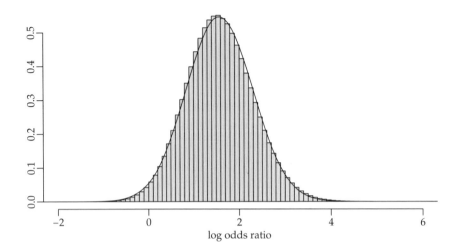

図 3.19 分割表 $\begin{pmatrix} 12 & 6 \\ 5 & 12 \end{pmatrix}$ の対数オッズ比の事後分布。同じ平均・標準偏差の正規分布の密度関数と重ねて描いた。

```
oddsratio = odds(1e7, 1, 9) / odds(1e7, 0, 10)
```

とすると，$\exp(\mathrm{mean}(\log(\mathtt{oddsratio}))) \approx 8.21$，対数の分散 $\mathrm{var}(\log(\mathtt{oddsratio})) \approx 6.07$ となります。これと，ゼロがある場合は全セルに 0.5 を加えるという従来からの便法の結果 $((a+0.5)/(b+0.5))/((c+0.5)/(d+0.5)) \approx 3.32$，$1/(a+0.5) + 1/(b+0.5) + 1/(c+0.5) + 1/(d+0.5) \approx 2.87$ とはかなり違います。

> **補足** オッズ比の事後分布はおそらく解析的には求められませんが，数値積分で求めることはできます。まず，割合 x_1, x_2 の事後確率は
>
> $$x_1^a (1-x_1)^b x_2^c (1-x_2)^d \frac{dx_1}{\sqrt{x_1(1-x_1)}} \frac{dx_2}{\sqrt{x_2(1-x_2)}}$$
>
> と書けます。これを $\log \mathrm{OR}$ についての確率密度に直すには，
>
> $$\log \mathrm{OR} = \log x_1 - \log(1-x_1) - \log x_2 + \log(1-x_2)$$
>
> を x_1 で微分して
>
> $$\frac{d \log \mathrm{OR}}{dx_1} = \frac{1}{x_1} + \frac{1}{1-x_1}$$
>
> から
>
> $$dx_1 = x_1(1-x_1) \, d\log \mathrm{OR}$$
>
> とします。最後に
>
> $$\mathrm{OR} = \frac{x_1}{1-x_1} \bigg/ \frac{x_2}{1-x_2}$$

を x_1 について解いた式を代入して x_1 を消去し, x_2 について積分すれば, 事後確率

$$\left(\int_0^1 x_1^{a+0.5}(1-x_1)^{b+0.5}x_2^{c-0.5}(1-x_2)^{d-0.5}dx_2 \right) d\log\text{OR}, \qquad x_1 = \frac{x_2}{x_2 + (1-x_2)/\text{OR}}$$

が求められます. R で書けば

```
f = function(logOR, a, b, c, d) {
  OR = exp(logOR)
  g = function(x2) {
    x1 = x2 / (x2 + (1 - x2) / OR)
    x1^(a+0.5) * (1-x1)^(b+0.5) * x2^(c-0.5) * (1-x2)^(d-0.5)
  }
  integrate(g, 0, 1)$value
}
```

グラフを描くには

```
vf = Vectorize(f)
curve(vf(x,12,6,5,12), -2, 6)
```

最頻値を調べるには

```
optimize(function(x) f(x,12,6,5,12), c(0,3), maximum=TRUE)
```

とします. シミュレーションのヒストグラムと重なることを確かめたければ

```
hist(log(oddsratio), breaks=100, freq=FALSE, col="gray")
area = integrate(function(x) vf(x,12,6,5,12), -2, 6)$value
curve(vf(x,12,6,5,12) / area, add=TRUE)
```

のように重ね書きすればよいでしょう.

📝補足 対数オッズ比は $\log((a/b)/(c/d)) = \log(a/b) - \log(c/d)$ つまりロジットの差です. ロジットの分布はやや左右非対称ですが, 差をとることにより左右対称に近づきます.

3.12 相対危険度

文脈によっては, 2 項分布 $\text{Binom}(n, x)$ の確率 x を**危険度** (risk) といい, 暴露 (たとえば喫煙) ありの危険度 x_1 と暴露なしの危険度 x_2 の比 x_1/x_2 を**相対危険度** (**相対リスク**, relative risk, RR) といいます. データからの点推定は通常 $(a/(a+b))/(c/(c+d))$ で求めます. 先ほどの架空のデータ $(a,b,c,d) = (12,6,5,12)$ では RR ≈ 2.27 です.

x_1/x_2 の事後分布をシミュレーションで求めてみましょう.

```
rRR = function(n, a, b, c, d) {
  rbeta(n, a+0.5, b+0.5) / rbeta(n, c+0.5, d+0.5)
```

第 3 章 事前分布の再検討

```
}
r = rRR(1e7, 12, 6, 5, 12)
hist(log(r), freq=FALSE, breaks=100, xlim=c(-1,3), col="gray")
```

結果は図 3.20 のようになります。対数オッズ比ほどではありませんが，相対危険度も対数をとればほぼ左右対称になります。

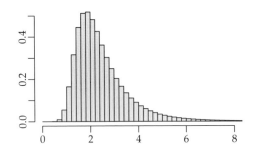 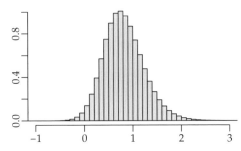

図 3.20 分割表 $\begin{pmatrix} 12 & 6 \\ 5 & 12 \end{pmatrix}$ の相対危険度（左）とその対数（右）の事後分布

> **補足** 数値積分で求めるには，オッズ比の場合と同様に，
>
> $$\log \text{RR} = \log x_1 - \log x_2$$
>
> を x_1 で微分して
>
> $$\frac{d \log \text{RR}}{dx_1} = \frac{1}{x_1}$$
>
> から
>
> $$dx_1 = x_1 \, d\log \text{RR}$$
>
> これをオッズ比の場合と同じ事後確率の式に代入し，$x_1 = \text{RR} x_2$ で x_1 を消去し，x_2 について積分すれば，$\log \text{RR}$ の事後確率
>
> $$\left(\int_0^{\min(1, 1/\text{RR})} x_1^{a+0.5}(1-x_1)^{b-0.5} x_2^{c-0.5}(1-x_2)^{d-0.5} dx_2 \right) d\log \text{RR}, \qquad x_1 = x_2 \text{RR}$$
>
> が求められます。R で書けば
>
> ```
> f = function(logRR, a, b, c, d) {
>     RR = exp(logRR)
>     g = function(x2) {
>         x1 = x2 * RR
>         x1^(a+0.5) * (1-x1)^(b-0.5) * x2^(c-0.5) * (1-x2)^(d-0.5)
>     }
>     integrate(g, 0, min(1,1/RR))$value
> }
> ```

となります。x1 の係数だけ他より 1 大きいことと，積分の上限が 1/RR で抑えられることに注意してください。グラフを描くには

```
vf = Vectorize(f)
curve(vf(x,12,6,5,12), -1, 3)
```

最頻値を調べるには

```
optimize(function(x) f(x,12,6,5,12), c(0,3), maximum=TRUE)
```

シミュレーションの結果と重ね書きするには

```
hist(log(r), freq=FALSE, breaks=100, xlim=c(-1,3), col="gray")
area = integrate(function(x) vf(x,12,6,5,12), -1, 3)$value
curve(vf(x,12,6,5,12) / area, add=TRUE)
```

3.13　対数オッズ代替としての分散安定化変換

　対数オッズ（ロジット）の差である対数オッズ比は，かなり正規分布に近い分布をします。また，その分散の概数も簡単に推定できます。このため，対数オッズは割合の差の比較によく使われてきました。しかし，個数 0 のデータがあると計算できないので，全体に 0.5 個ずつ加えるといったアドホックな対策が必要でした。

　2 項分布のジェフリーズの事前分布の導出の際に現れた分散安定化変換

$$z = \int_0^x \frac{dx}{\pi \sqrt{x(1-x)}} = \mathrm{pbeta}(x, 0.5, 0.5) = \frac{2}{\pi} \arcsin \sqrt{x}$$

を使えば，割合 x を正規分布に近い分布に変換でき，その差はさらに正規分布に近くなります。しかも，個数 0 のデータでも困りません。この用途の場合は特に $2/\pi$ の因子は不要ですので，単に $\arcsin \sqrt{x}$ で変換することが一般的です。後述（136 ページ）の metafor パッケージの escalc 関数でも，measure="PAS" または "AS" オプションで $\arcsin \sqrt{x}$ に変換します。$\arcsin \sqrt{x}$ は図 3.2（41 ページ）で説明する際にも便利です。

問 4　$(a, b) = (12, 6)$ と $(c, d) = (5, 12)$ を，$\arcsin \sqrt{x}$ を使って比較せよ。

答　ジェフリーズの事前分布でそれぞれの割合の事後分布を生成し，$\arcsin \sqrt{x}$ で変換して差を求める。

```
a = 12; b = 6; c = 5; d = 12
x1 = rbeta(1e7, a+0.5, b+0.5)
x2 = rbeta(1e7, c+0.5, d+0.5)
z1 = asin(sqrt(x1))
z2 = asin(sqrt(x2))
```

```
z = z1 - z2
```

z の度数分布は図 3.21 のようになる:

```
hist(z, breaks=100, freq=FALSE, col="gray")  # 度数分布
curve(dnorm(x, mean(z), sd(z)), add=TRUE)    # 正規分布と比べる
```

中央値と中央 95％ 信用区間は次の通りである:

```
> quantile(z, c(0.025,0.5,0.975))
      2.5%        50%      97.5%
0.04429102 0.37245302 0.68602739
```

□

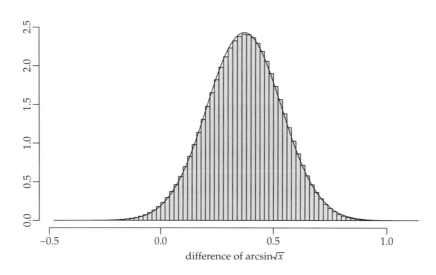

図 3.21　分割表 $\begin{pmatrix} 12 & 6 \\ 5 & 12 \end{pmatrix}$ の各行の割合の $z = \arcsin\sqrt{x}$ 変換の差。同じ平均・標準偏差の正規分布の密度関数と重ねて描いた。

$\arcsin\sqrt{x}$ の分散については，一般には $1/(4n)$ で近似します。Rücker たち [11] は，より正確な方法として，数値的に求めた分散を使う方法を提案しています。$y \sim \mathrm{Binom}(n,x)$ のとき，$\arcsin\sqrt{y/n}$ の分散は，R で書けば次の関数で求められます:

```
varAS = function(n, x) {
  a = asin(sqrt((0:n)/n))    # 分散安定化変換
  d = dbinom(0:n, n, x)      # 2項分布
  m = sum(d * a)             # 平均
  sum(d * (a - m)^2)         # 分散
}
```

3.13 対数オッズ代替としての分散安定化変換

ただし $x = 0$ または $x = 1$ のときはこれで計算すると分散が 0 になるので，そのときは $1/(4n)$ を使うとしています。

ベイズ統計であれば，$y \sim \text{Binom}(n, x)$ のときの $\arcsin\sqrt{y/n}$ の分散ではなく，$\arcsin\sqrt{x}$ の事後分布の分散を使うほうがよいでしょう。そうすれば「分散が 0 になったら $1/(4n)$ を使う」のようなアドホックな方法は不要です。賛成 a 人，反対 b 人の場合の賛成率 x について，ジェフリーズの事前分布を使って，$\arcsin\sqrt{x}$ の事後分布の平均と分散は次のような数値計算で求められます：

```
mv = function(a, b) {
  f = function(x) dbeta(x, a+0.5, b+0.5)
  m = integrate(function(x) asin(sqrt(x)) * f(x), 0, 1)$value
  v = integrate(function(x) (asin(sqrt(x)) - m)^2 * f(x), 0, 1)$value
  c(m, v)
}
```

これでいろいろな場合に平均値を求めると，$(a, b) = (2, 8)$ のとき 0.483，$(a, b) = (20, 80)$ のとき 0.466，$(a, b) = (200, 800)$ のとき 0.464 というように，$a + b$ の小さいところで若干バイアスがあります。つまり $\left(\begin{smallmatrix} 2 & 8 \\ 20 & 80 \end{smallmatrix}\right)$ の 1 行目と 2 行目で $\arcsin\sqrt{x}$ の平均値が若干違うことになります。このバイアスは一般に事後分布の標準偏差よりずっと小さいので気にすることはありませんが，気になる場合は平均値の代わりに最頻値 $\arcsin\sqrt{a/(a+b)}$ を使えばよいでしょう。実際，metafor パッケージの escalc 関数の measure="PAS" または "AS" オプションでも，平均値と称して $\arcsin\sqrt{a/(a+b)}$ を使っています。また，分散と称して単に $1/(4(a+b))$ を使っていますが，これは次の図 3.22 で示すように，$n = a + b$ の小さいところ，特に $a = 0$ または $b = 0$ の近くで，正確さを割り引いて計算することに相当します。正確ではないにせよ妥当な（保守的な）選択です。

図 3.22 は，上の varAS() と mv() で計算した分散を

```
n = 20
curve(Vectorize(varAS)(n, x), 0, 1, lwd=2)
v = sapply(0:n, function(i) mv(i, n-i)[2])
points(0:n/n, v, pch=16)
abline(h=1/(4*n))
```

として比較したものです。詳細は図のキャプションを参照してください。

> 📎補足　上の mv() 関数は，$a : b$ が極端な値をとるとき，数値計算の誤差が大きくなります。たとえば $a = 10, b = 50000$ のとき，f を含む積分を 0 から 1 までいっぺんに実行しようとすると，まったく信用できない結果になります。グラフを描いてみればわかるように，この f は 0 から 0.001 までにほぼ収まるので，積分はたとえば 0 から 0.001 までと 0.001 から 1 までに分けて行えば正確になります（後者の区間の積分はほぼ 0 ですが）。

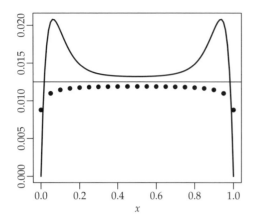

図 3.22 $n = 20$, $y \sim \text{Binom}(n,x)$ のときの $\arcsin \sqrt{y/n}$ の分散（曲線）と，y/n が与えられたときの $z = \arcsin \sqrt{x}$ の事後分布の分散（黒丸）。n が大きければどちらも $1/(4n)$（横線）に近づくはず。後者のほうが安定しており，両端で 0 になることもない。

> 補足　バイアスは $\arcsin \sqrt{x}$ 変換に限ったものではありません。オッズ比の対数（ロジット）の事後分布の平均・標準偏差を求めるには，上の mv() 関数の中の 2 行を次に置き換えればよいでしょう：

```
m = integrate(function(x) log(x/(1-x)) * f(x), 0, 1)$value
v = integrate(function(x) (log(x/(1-x)) - m)^2 * f(x), 0, 1)$value
```

平均は，$(a,b) = (2,8)$ のとき -1.377，$(a,b) = (20,80)$ のとき -1.386 等々となります。

> 補足　たとえば 2 つの分割表 $\begin{pmatrix} 2 & 9 \\ 3 & 7 \end{pmatrix}$ と $\begin{pmatrix} 4 & 5 \\ 6 & 4 \end{pmatrix}$ は，オッズ比で見れば前者のほうが小さく，$\arcsin \sqrt{x}$ で見れば後者のほうが小さくなります。どちらの尺度が良いかは難しい問題です。

3.14 邪魔なパラメータ

邪魔なパラメータ（nuisance parameter，撹乱パラメータ，迷惑パラメータ，局外パラメータ）は積分して消し去ることができます。

以下の問題は Lesaffre and Lawson [12] の例 V.6 にインスパイアされたものです。

問 5　ある動物 868 匹に，ある病気についての診断テストを行った結果，$m = 496$ 匹が陽性，$n = 372$ 匹が陰性であった。これだけの情報から，その動物の有病率 x を求めたい。

答　その診断テストでは，病気なら確率 a で陽性となり，病気でないなら確率 b で陽性になるとする（第 1 章の言葉を使えば，a は感度，b は偽陽性率）。a も b も不明だが，テストが多少とも有効であれば $a > b$ が成り立つはずである（上掲書 [12] はこの条件を使っていないようだ）。

さて，陽性である確率は $t = xa + (1-x)b$ と書ける。2 項分布を仮定すれば，尤度は $t^m(1-t)^n$ に比例し，これから a と b を積分した x の周辺事後分布は

$$p(x \mid m, n) \propto \int_0^1 \left(\int_0^a t^m (1-t)^n \, db \right) da$$

である（上掲書にならって事前分布は一様分布とした）。被積分関数を R で書くと

```
f = function(x,a,b,m,n) {
  t = x * a + (1-x) * b
  t^m * (1-t)^n
}
```

内側（b について）の積分は

```
f1 = function(x,a,m,n) integrate(function(b) f(x,a,b,m,n), 0, a)$value
```

外側（a について）の積分は

```
vf1 = Vectorize(f1)
f2 = function(x,m,n) integrate(function(a) vf1(x,a,m,n), 0, 1)$value
```

この最大は

```
optimize(function(x) f2(x,496,372), c(0,1), maximum=TRUE)
```

つまり $x \approx 0.57 \approx 496/(496+372)$ あたりで最大値 1.5×10^{-259} をとることがわかる。プロットすると図 3.23 のようになる：

```
curve(Vectorize(f2)(x,496,372), ylim=c(0,1.55e-259), yaxs="i")
```

□

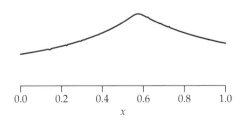

図 3.23　陽性 496，陰性 372 というだけの情報から有病率を求める問 5 の解

上の解答では，WinBUGS で計算したという上掲書の図よりピークがよく見える図を得ました。ただし，依然として非常に広く，これでは有病率を狭い範囲に限定することは困難です。

第3章　事前分布の再検討

📝補足　パッケージ cubature の adaptIntegrate() で2次元積分を行うこともできます。条件 $a > b$ のない場合はこのほうが（やや遅いけれども）簡単です：

```
install.packages("cubature")
library(cubature)
f2 = function(x,m,n) {
  adaptIntegrate(function(t) f(x,t[1],t[2],m,n),
                 c(0,0), c(1,1))$integral
}
```

ただ，不連続な条件 $a > b$ を入れると収束が非常に遅くなってしまいます。

📝補足　不要なパラメータについて，ベイズ統計では積分して消し去りますが，通常の最尤推定では尤度が最大になるように不要なパラメータを選びます。不要なパラメータについて最大化した尤度を**プロファイル尤度**（profile likelihood）と呼びます。

3.15　止め方の問題・尤度原理・多重検定

硬貨を10回投げたところ，表(おもて)が2回出ました。これは2項分布の問題で，1回投げて表が出る確率を x とすると，10回投げて表が2回出る確率は

$$p(y \mid x) = {}_{10}C_2\, x^2(1-x)^8$$

です。

一方，硬貨を表が2回出るまで投げようと決心して投げ続けたところ，ちょうど10回投げたところで2回目の表が出たので，そこで止めました。この場合は，硬貨を9回投げて表が1回出て，続く10回目に表が出る確率ですから，

$$p(y \mid x) = {}_9C_1\, x^1(1-x)^8 \times x = {}_9C_1\, x^2(1-x)^8$$

です。この場合の確率分布を**負の2項分布**（negative binomial distribution）といいます。

古典的な統計学では，両者から導かれる x についての推定は異なります。しかし，y を固定して x の関数と考えれば，どちらも

$$p(y \mid x) \propto x^2(1-x)^8$$

です。つまり，尤度としては同じことです。したがって，ベイズ統計では，もし事前分布 $p(x)$ が同じであれば，両者から導かれる x についての推定はまったく同じはずです。

尤度が同じなら推定の結果も同じにならなければならないという主張を**尤度原理**

（likelihood principle）といいます。ベイズ統計は尤度原理を満たし得ますが，古典的な統計学は一般に尤度原理を満たしません。

ただ，通常の 2 項分布と負の 2 項分布とで事前分布 $p(x)$ が同じでよいかどうかが引っかかります。負の 2 項分布の場合，もし x がほぼ 0（表が出る可能性がほとんどない）ならば，表が 2 回出るまで投げ続けようとすれば，何度も何度も投げ続けなければなりません。x がほんのちょっと変わっても，投げ続ける回数は大きく変わるでしょう。そして，ぴったり $x = 0$ なら，無限に投げ続けなければなりません。したがって，x の可能な範囲は $0 < x \leq 1$ に限られ，$x \approx 0$ で x の自然な目盛は $\sqrt{x}$ より $\log x$ のほうが適切であり，事前分布としては $p(x) \propto x^{-1/2}(1-x)^{-1/2}$ より $p(x) \propto x^{-1}(1-x)^{-1/2}$ のほうが良さそうです（$d \log x = x^{-1} dx$ のため）。

> 📎補足　実際，「y 回目に n 回目の表が出る」という負の 2 項分布では，分布は
>
> $$p(y \mid x) = {}_{y-1}C_{n-1}\, x^n (1-x)^{y-n}$$
>
> です。これをジェフリーズの事前分布の式 (3.2) に入れ，負の 2 項分布の期待値 $E(y) = n/x$ を使うと，$p(x) \propto x^{-1}(1-x)^{-1/2}$ が出ます。

> 📎補足　止め方の問題というと神秘的に聞こえますが，要は，事象の起こる割合の測定法の違いです。同じような例として，速度を，一定の時間に走る距離で測るか，一定の距離を走る時間で測るかで，事前分布が変わるかという問題があります（第 5 章）。

この節の冒頭の問題に戻ると，ジェフリーズの事前分布が一様になる自然な目盛を使うならば，事後分布の最頻値はどちらも $x = 0.2$ に相当する値で，ここまでは尤度原理を満たすように見えます。しかし，ジェフリーズの事前分布を含めた x の事後分布は，2 項分布で $x \sim \text{Beta}(2.5, 8.5)$ であったものが，負の 2 項分布では $x \sim \text{Beta}(2, 8.5)$ となり，信用区間や $x > 0.5$ となる確率などは，答えが違ってきます。もっとも，「0.5 人分の違い」であり，データ数が増えればほぼ無視できます。

以上は簡単な例でしたが，もっと複雑な実験でも同じことです。ベイズ統計では，実験を止めるタイミングをデータに依存して変えても，（事前分布が変わらなければ）結論は変わりません。たとえば，薬の効果を表すパラメータ x を推定するために，x の 95％ 信用区間がすっぽり $x > 0$ の範囲に含まれるまで徐々に被験者数 n を増やし，ちょうど $n = 100$ のところで所望の結果を得たので試験を停止しても，あるいは最初から被験者数を $n = 100$ に定めて試験を行って x の 95％ 信用区間を求めても，100 人のデータと x の事前分布が同じであれば，結果は同じです。先ほどの例のように妥当な事前分布が異なる可能性はありますが，その影響はおそらく限定的であり，ベイズ統計は止め方の違いに許容的であるといえます。

一方，伝統的な統計学では，データを追加しながら何度も検定を行って，有意な結果が

第3章　事前分布の再検討

出たらその結果だけを発表するようなやり方では，大きな違いが出るので，補正なしには行ってはならないことになっています。

　この問題は**多重検定**（多重比較）の問題とも関連します。たとえば 20 組のデータをとって，それぞれについて（5％ 水準で）古典的な統計的仮説検定を行えば，まったく効果がなくても，期待値としてどれか 1 組のデータで統計的に有意になります。このため，20 回検定を行うなら個々の検定の水準を 5％ ÷ 20 = 0.25％ にするといった補正を行うのが一般的です。

　純粋なベイズ統計では，そもそも検定という考え方をしませんので，多重検定の補正の必要はありません。もちろん，たとえば 95％ 信用区間をたくさん求めれば，真の値を含まない信用区間が出てくるのは当たり前で，その意味では多重性の問題はあるわけですが，それは「95％」に織り込み済みと考えることができます。

　さらに，ベイズ統計では，同じものを違う方法で測った信用区間が多数あるような場合に，第 6 章の階層モデルを使って 1 つの問題にまとめることにより，多重性の問題から完全に逃れることができる可能性があります。

第4章
個数の推定（ポアソン分布）

4.1　ポアソン分布とガンマ分布

ある事件が，ランダムに，1日あたり平均して x 回起きるとします。

より具体的に言えば，nx 個の「事件」を用意しておき，これを1つずつ独立に，n 個の「日」に同じ $1/n$ の確率で投げ入れていきます。これの $n \to \infty$ の極限を考えます。

1日あたり平均して x 回の事件が起こりますが，特定の1日の事件数 y は，x より多いことも少ないこともあります。

この x を固定したときの y の分布が**ポアソン分布**（Poisson distribution）です。ポアソン（Siméon Denis Poisson，1781–1840年）はフランスの数学者・物理学者です。

「1日」という部分は「1秒間」にしても「1年」にしてもかまいません。

ポアソン分布の確率分布は

$$p(y \mid x) = \frac{x^y e^{-x}}{y!}, \qquad x \geq 0, \quad y = 0, 1, 2, \ldots$$

です。x は0以上の実数，y は0以上の整数です。

たとえば $x = 5$ の場合の y の分布を，図4.1（左）のように，$y = 0, 1, 2, \ldots, 20$ の範囲で棒グラフで描いてみましょう：

```
x = 5
y = 0:20
barplot(x^y * exp(-x) / factorial(y), names.arg=y)
```

ここで x^y は x^y，exp(-x) は e^{-x}，factorial(y) は $y!$（y の階乗）です。

Rには平均 x のポアソン分布についての次の関数があります：

- 確率 dpois(y, x) $= x^y e^{-x}/y!$
- 分布関数 ppois(q, x) $= \sum_{y \leq q}$ dpois(y, x)

- 分位関数 qpois(p, x)（分布関数の逆関数, $p = $ ppois(q, x) を満たす q を求める）
- 乱数を n 個発生する rpois(n, x)

dpois() を使えば図 4.1（左）は次のようにして描けます：

```
x = 5
y = 0:20
barplot(dpois(y,x), names.arg=y)
```

y が平均 x のポアソン分布に従うことを

$$y \sim \text{Poisson}(x)$$

と書くことにします。

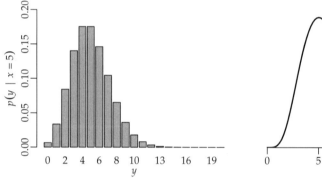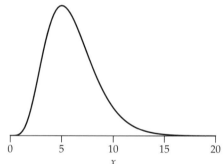

図 4.1 （左）ポアソン分布の確率密度 $p(y \mid x = 5)$，（右）ポアソン分布の尤度 $p(y = 5 \mid x)$ すなわちガンマ分布 Gamma(6)

$p(y \mid x) = x^y e^{-x}/y!$ を，y を固定して x の関数と見たものが尤度です．たとえば $x = 5$ のときの尤度を $0 \leq x \leq 20$ の範囲でグラフで描くには

```
curve(dpois(5, x), 0, 20)
```

とします（図 4.1 右）．

尤度を考えるときは，x を含まない $y!$ は定数ですので，

$$p(y \mid x) \propto x^y e^{-x}$$

のように x を含む部分だけ考えてかまいません．密度関数がこの右辺のように $x^{\alpha-1} e^{-x}$ に比例する分布を**ガンマ分布**（gamma distribution）といいます．これを x の全範囲で

積分したもの

$$\int_0^\infty x^{\alpha-1}e^{-x}dx = \Gamma(\alpha)$$

が**ガンマ関数** $\Gamma(\alpha)$ です。したがって，

$$f(x) = \frac{1}{\Gamma(\alpha)}x^{\alpha-1}e^{-x}, \qquad x \geq 0$$

とすれば $\int_0^\infty f(x)dx = 1$ となるので，$f(x)$ はガンマ分布の（比例定数も含めた）密度関数です。もっとも，尤度は確率分布ではないので，積分して 1 になる必要はありません。

整数のガンマ関数は，1 つ少ない数の階乗に等しいことがわかっています。たとえば $\Gamma(5) = 4! = 4 \times 3 \times 2 \times 1 = 24$ です。

> ✎補足 $\int_0^\infty x^{\alpha-1}e^{-x}dx = (\alpha-1)!$ は，部分積分
>
> $$-\int_0^\infty x^{\alpha-1}(e^{-x})'dx = -[x^{\alpha-1}e^{-x}]_0^\infty + \int_0^\infty (x^{\alpha-1})'e^{-x}dx = (\alpha-1)\int_0^\infty x^{\alpha-2}e^{-x}dx$$
>
> を繰り返すことによって，高校数学の範囲で証明できます。

より一般的なガンマ分布の密度関数は

$$f(x) = \frac{1}{\Gamma(\alpha)\theta^\alpha}x^{\alpha-1}e^{-x/\theta}, \qquad x \geq 0 \tag{4.1}$$

のように 2 つのパラメータ α, θ を持ちます。確率変数 x がこのガンマ分布に従うことを

$$x \sim \mathrm{Gamma}(\alpha, \theta)$$

と書くことにします。θ は尺度（scale）パラメータ，その逆数 $1/\theta$ はレート（rate）パラメータといいます。α は形状（shape）パラメータといいます。ベータ分布のときと同様，α は観測個数 y より 1 だけ大きいことに注意します。

ガンマ分布 $\mathrm{Gamma}(\alpha, \theta)$ の平均，分散，最頻値（モード）はそれぞれ

$$\text{平均 } \mu = \int_0^\infty xf(x)dx = \alpha\theta$$
$$\text{分散 } \sigma^2 = \int_0^\infty (x-\mu)^2 f(x)dx = \alpha\theta^2$$
$$\text{最頻値} = (\alpha-1)\theta \qquad (f'(x) = 0 \text{ の解，ただし } \alpha \geq 1)$$

です。

以下では特に断らなければ $\theta = 1$ とします。この場合，

$$x \sim \mathrm{Gamma}(\alpha)$$

第4章 個数の推定（ポアソン分布）

と略記します。密度関数は $f(x) \propto x^{\alpha-1}e^{-x}$ です。

Rにはガンマ分布 Gamma(α) に関する次の関数があります：

- 密度関数 dgamma(x, α) $= f(x)$
- 分布関数 pgamma(q, α) $= \int_0^q f(x)dx$
- 分位関数 qgamma(p, α)（$\int_0^q f(x)dx = p$ を満たす q）
- 乱数 rgamma(n, α)（ガンマ分布の乱数 n 個のベクトル）

引数 x, q, p にはベクトルを与えることができます。その場合は戻り値もベクトルになります。引数 n もベクトルにできますが，その場合はベクトルの長さ length(n) を n として使います。pgamma(), qgamma() にオプション lower.tail=FALSE を与えると，上側確率になります（積分区間を $\int_0^q$ でなく $\int_q^\infty$ にします）。尺度パラメータ θ はデフォルトでは 1 ですが，オプション scale=θ または rate=1/θ で与えることができます。

> 📝補足 ガンマ分布 Gamma($\nu/2, 2$) はカイ 2 乗分布 $\chi^2(\nu)$ にほかなりません。110 ページの式 (5.7) を参照してください。

> 📝補足 ポアソン分布に従う事象が最初の 1 分間に y_1 回，次の 1 分間に y_2 回起こったとすると，尤度の積は $x^{y_1}e^{-x} \times x^{y_2}e^{-x} = x^{y_1+y_2}e^{-2x} \propto (2x)^{y_1+y_2}e^{-(2x)}$ ですので，2 分間に $y_1 + y_2$ 回起こったと考えるのと同じ尤度になります。ベイズ推定は（事前分布が同じなら）尤度だけに依存するので，回数は 1 分ずつ測っても 2 分間まとめて測っても結果に変わりはありません。

4.2 ポアソン分布の無情報事前分布

ポアソン分布には「平均 x のポアソン分布に従う確率変数 y の分散は x に等しい」という顕著な性質があります。数式で書けば

$$y \sim \text{Poisson}(x) \quad \text{ならば} \quad V(y) = x$$

となります。つまり y の標準偏差（分散の平方根）は $\sqrt{x}$ です。したがって，これが一定に見えるような x の目盛の付け方をするには，目盛の幅が $1/\sqrt{x}$ に比例するように目盛ればよいことになります。

このように目盛った座標系で一様な事前分布（図 4.2 上）を，x について等間隔の座標で見れば，$1/\sqrt{x}$ に比例する事前分布（図 4.2 下）になります。これがこの場合のジェフリーズの事前分布です。

4.2 ポアソン分布の無情報事前分布

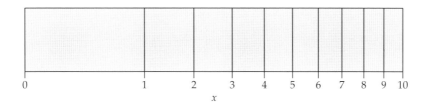

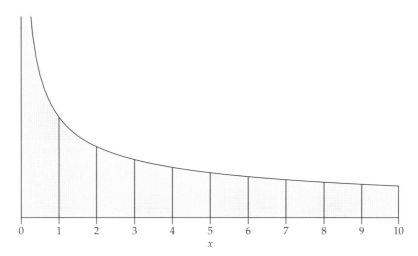

図 4.2 （上）ポアソン分布のパラメータ x の目盛を Poisson(x) に従う確率変数の標準偏差 $\sqrt{x}$ に反比例するように付け，その目盛で一様な分布を考える。（下）目盛間の面積を一定に保って，目盛を等間隔に付け直すと，ポアソン分布のジェフリーズの事前分布（密度が $1/\sqrt{x}$ に比例）を得る。この分布は左端で発散するが，面積は有限 $\int_0^x dt/\sqrt{t} \propto \sqrt{x}$ である。

目盛の幅を $1/\sqrt{x}$ に比例して描くということは，目盛そのものを

$$\int_0^x \frac{dt}{\sqrt{t}} \propto \sqrt{x}$$

に比例して描くのと同じことです。以下では，ポアソン分布の自然なパラメータを $z = \sqrt{x}$ とします。

個数の平方根をプロットすると，図 4.2 上の x 目盛のように，個数の大きい部分を圧縮した見やすいグラフになります。この方法は，ベイズ統計とは無関係に，古くから使われていました。

大きい部分を圧縮する方法としては，対数をプロットする方法もありますが，対数では個数 0 を表すことができません（log 0 は存在しません）。平方根目盛なら，0 を表すこと

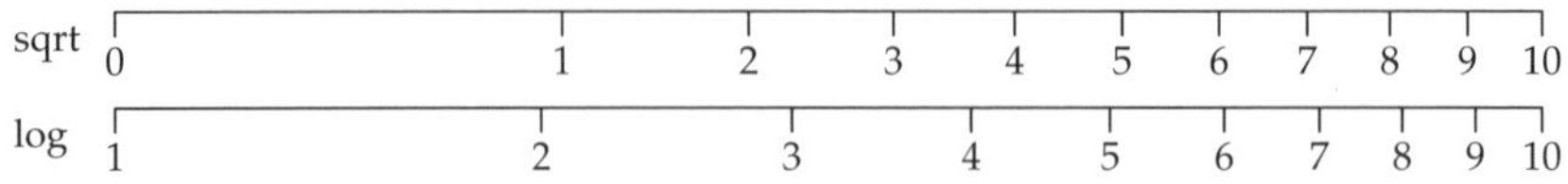

第4章 個数の推定（ポアソン分布）

図 4.3　大きい値を圧縮する方法。上は平方根目盛，下は対数目盛。平方根目盛は 0 まで表せるが，対数目盛は 0 を表せない。ポアソン分布に従う値には平方根目盛が便利である。

ができ，しかもエラーバー（誤差を表す棒）の長さがだいたい一定になります（図 4.3）。

同じ個数の分布でも，個数に上限がある場合，たとえばさいころを 100 個投げたときの「1」の目の個数の分布などは，2 項分布です。「1」の目の出る確率を x とすれば，ジェフリーズの事前分布は，第 2 章で述べたように，$p(x) \propto 1/\sqrt{x(1-x)}$ です。ここで x が 1 より十分小さいとすれば，$1 - x \approx 1$ したがって $p(x) \propto 1/\sqrt{x}$ と近似できます。これはポアソン分布のジェフリーズの事前分布です。要するに，ポアソン分布は 2 項分布の端っこのほうの分布です。

> 📝補足　平方根目盛のグラフを John W. Tukey（テューキー）はルートグラム（rootogram）と呼びました。

> 📝補足　ポアソン分布の分散安定化変換としては $\sqrt{x}$ のほかに Anscombe（アンスコム）の式 $\sqrt{x + 3/8}$ などが使われています。

4.3　ポアソン分布のパラメータ推定

ある日（または，ある年）に事件が y 回起きました（5 回とか 100 回といった具体的な回数が与えられたとします）。この情報に基づいて，1 日（または，1 年）あたりの事件が起きる平均回数 x の事後分布を求める問題を考えます。

x の事後分布は，ジェフリーズの事前分布 $p(x) \propto x^{-1/2}$ を使えば

$$\underbrace{p(x \mid y)}_{\text{事後分布}} \propto \underbrace{p(x)}_{\text{事前分布}} \underbrace{p(y \mid x)}_{\text{尤度}} \propto x^{y-1/2}e^{-x}$$

となります。これはガンマ分布 $\mathrm{Gamma}(y + \frac{1}{2})$ の密度関数です。$\mathrm{Gamma}(\alpha)$ の最頻値が $\alpha - 1$ であることを使えば，x の最頻値（MAP）は $x = \alpha - 1 = (y + \frac{1}{2}) - 1 = y - \frac{1}{2}$ です。ただし $y = 0$ のときは $x = 0$ が x の最頻値です。

一方，パラメータ x を平方根変換した $z = \sqrt{x}$ を使い，事前分布を「$p(z) = $ 一定」と

84

すれば，z の事後分布は

$$p(z \mid y) \propto p(z)p(y \mid z) \propto x^y e^{-x} = (z^2)^y e^{-z^2} = z^{2y} e^{-z^2}$$

となります。これが最大になる z を求めるために，$z^{2y} e^{-z^2}$ を z で微分したものを 0 と置けば，$z = \sqrt{y}$ が得られます。これが z の最頻値（MAP）です。そのときの x の値 $x = z^2 = y$ は，x の最尤推定値と一致します。

> 📝補足　このことは次のようにしても導けます。$p(z \mid y) \propto x^y e^{-x}$ から，$z = \sqrt{x}$ の事後分布を x に焼き直したものはガンマ分布 Gamma$(y+1)$ に従います。ガンマ分布 Gamma(α) の最頻値が $\alpha - 1$ であることから，$p(z \mid y)$ の最大値は $x = \alpha - 1 = (y+1) - 1 = y$ のときです。

つまり，x の最頻値（x で等間隔に区切ったときに一番たくさん入る区間）は，$\sqrt{x}$ の最頻値（$\sqrt{x}$ で等間隔に区切ったときに一番たくさん入る区間）に対応する x の値より $\frac{1}{2}$ だけ小さいことになります（図 4.4）。

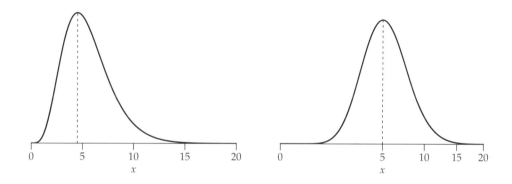

図 4.4　（左）ポアソン分布 $y \sim$ Poisson(x) でデータ $y = 5$ が与えられたときの x の事後分布 $x \sim$ Gamma(5.5)。ジェフリーズの事前分布 $p(x) \propto 1/\sqrt{x}$ を使った。これが最大になる x（x の MAP 推定値）は $x = 4.5$ である。（右）$z = \sqrt{x}$ の事後分布を x で目盛ってプロットしたもの。$x \sim$ Gamma(6) に相当し，これが最大になる x（x の MAP 推定値）は $x = 5$ である。

どちらの最頻値を使うべきでしょうか。$\sqrt{x}$ のほうが自然な目盛であり，$\sqrt{x}$ の最頻値（図 4.4 の右のほう）を使うほうがよいというのが本書の考え方です。

第 4 章　個数の推定（ポアソン分布）

4.4　ポアソン分布のパラメータの信用区間

　x の中央の 95 ％ 信用区間は，$x \sim \mathrm{Gamma}(y + \frac{1}{2})$ の 2.5 ％ 点から 97.5 ％ 点までの範囲です。たとえば観測値 $y = 5$ が与えられたとすると，

```
> qgamma(c(0.025,0.975), 5+0.5)
[1]  1.907874 10.960025
```

より，$[1.91, 10.96]$ が中央の 95 ％ 信用区間です。ただし，この方法では，観測値 $y = 0$ のときの 95 ％ 信用区間は

```
> qgamma(c(0.025,0.975), 0+0.5)
[1] 0.0004910346 2.5119430937
```

となり，丸めれば $[0.00, 2.51]$ となりますが，厳密には最頻値 $x = 0$ を含みません。この場合は，0 を含めるため，

```
> qgamma(c(0,0.95), 0+0.5)
[1] 0.000000 1.920729
```

つまり $[0.00, 1.92]$ とするほうがよいでしょう。これは下の最高密度区間と一致します。
　最高密度区間（幅が最短の区間）については，x と $z = \sqrt{x}$ のどちらで考えるかによって結果が異なります。x について最短にするなら，

```
> y = 5
> f = function(p) qgamma(p+0.95,y+0.5)-qgamma(p,y+0.5)
> p = optimize(f, c(0,0.05), tol=1e-8)$minimum
> qgamma(c(p,p+0.95), y+0.5)
[1]  1.476607 10.152473
```

で $[1.48, 10.15]$ となります。$z = \sqrt{x}$ について最短にするなら，

```
> y = 5
> f = function(p) sqrt(qgamma(p+0.95,y+0.5))-sqrt(qgamma(p,y+0.5))
> p = optimize(f, c(0,0.05), tol=1e-8)$minimum
> qgamma(c(p,p+0.95), y+0.5)
[1]  1.810949 10.686687
```

で $[1.81, 10.69]$ となります。
　x について条件が付いている場合，頻度主義統計学でポアソン分布の信頼区間を求める問題は，いろいろ悩ましいところがあります（拙著 [1] 第 4 章参照）。ベイズ統計なら非常に簡単です。

4.4 ポアソン分布のパラメータの信用区間

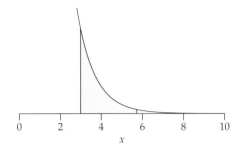

図 4.5 平均 x のポアソン分布に従う変数 y を観測して $y = 0$ を得た場合の，x の事後分布。条件 $x \geq 3$ があれば，単に 3 以上の部分の 95 % が x の 95 % 信用区間である。

たとえば $y \sim \text{Poisson}(x)$ で $x \geq 3$ のような条件が付いている場合，ベイズ統計では事前分布に「$x < 3$ で $p(x) = 0$」という条件を付けるだけ，あるいは同じことですが積分区間の下限を 3 にするだけで解決します。

問 6 あるイベント（物理的な事象）を一定期間観測し続けたところ，カウント値（回数）は $y = 0$ であった。つまり，観測期間中にイベントはまったく観測されなかった。ところが，この測定器の拾うバックグラウンド（ノイズ）は観測期間中に期待値として 3 回であることが確認されている。つまり，$y \sim \text{Poisson}(x)$ とすれば，$x \geq 3$ のはずである。このとき，ポアソン分布のパラメータ x の 95 % 信頼区間を求めよ。

答 $y \sim \text{Poisson}(x)$, $x \geq 3$ というモデルで $y = 0$ を観測したときの x の事後分布の 95 % を求めればよい。ジェフリーズの事前分布を使えば，事後分布は

$$p(x \mid y) = p(x) p(y \mid x) \propto x^{-1/2} e^{-x}, \quad x \geq 3$$

つまり $x \sim \text{Gamma}(1/2)$ かつ $x \geq 3$ である。ガンマ分布 $\text{Gamma}(1/2)$ の密度関数の $x \geq 3$ の部分の面積は

```
> pgamma(3, 0.5, lower.tail=FALSE)
[1] 0.01430588
```

これの左側 95 % の部分（図 4.5 の灰色部分）が 95 % 信用区間である。つまり，

```
> qgamma(pgamma(3, 0.5, lower.tail=FALSE) * 0.05, 0.5, lower.tail=FALSE)
[1] 5.72454
```

したがって x の 95 % 信用区間は [3.00, 5.72]（バックグラウンドを引けば [0.00, 2.72]）である。 □

2 項分布のときと同様，$y \sim \text{Poisson}(x)$ について，信頼区間の良さを表すカバレッジを x の関数として求めてみましょう。R の `poisson.test()` による古典的な 95 % 信頼

第 4 章 個数の推定（ポアソン分布）

区間のカバレッジは

```
CI = sapply(0:30, function(y) poisson.test(y)$conf.int)
f = function(x) {
  p = dpois(0:30, x)
  sum(p * (CI[1,] <= x & x <= CI[2,]))
}
curve(Vectorize(f)(x), 0, 20)
```

で描けます。これにベイズ信用区間を加えて自然な目盛で描いたのが図 4.6 です。古典的な方法では，0.95 よりかなり大きくなります。つまり，必要以上に広い信頼区間になってしまいます。ベイズ信用区間は目標値 0.95 の両側を振動するような振る舞いになります。

4.5　2 項分布との関係

10 人に質問したところ，2 人がトランプ候補を支持すると答えました。この問題を少し変えてみましょう。人数を定めず，散歩の途中に出会った人に質問したところ，トランプ支持が 2 人，クリントン支持が 8 人でした。

この場合は 2 項分布ではなく，2 つのポアソン分布です。一様な事前分布では，トランプ支持者の人数は $x_1 \sim \mathrm{Gamma}(3)$，クリントン支持者の人数は $x_2 \sim \mathrm{Gamma}(9)$ で，ジェフリーズの事前分布なら $x_1 \sim \mathrm{Gamma}(2.5)$，$x_2 \sim \mathrm{Gamma}(8.5)$ になります。

これをシミュレーションでやってみましょう。ジェフリーズの事前分布の場合，

```
x1 = rgamma(1e7, 2.5)
x2 = rgamma(1e7, 8.5)
x = x1 / (x1 + x2)
hist(x, breaks=(0:100)/100, freq=FALSE, col="gray")
curve(dbeta(x, 2.5, 8.5), add=TRUE)
```

$x = x_1/(x_1 + x_2)$ のヒストグラムは，2 項分布の事後分布 $\mathrm{Beta}(2.5, 8.5)$ を表す曲線とぴったり一致したはずです。一様事前分布なら 2.5 と 8.5 をそれぞれ 3 と 9 にします。こちらもぴったり合うはずです。

> ✒補足　$y = y_1 + y_2$，$x = x_1/(x_1 + x_2)$ をパラメータとする 2 項分布 $y_1 \sim \mathrm{Binom}(y, x)$ の尤度は
>
> $$x^{y_1}(1-x)^{y_2} = \left(\frac{x_1}{x_1 + x_2}\right)^{y_1}\left(\frac{x_2}{x_1 + x_2}\right)^{y_2} = x_1^{y_1} x_2^{y_2}(x_1 + x_2)^{-y}$$
>
> です。ここで，総個数もポアソン分布 $y \sim \mathrm{Poisson}(x_1 + x_2)$ に従うとして，その尤度 $(x_1 + x_2)^y e^{-(x_1 + x_2)}$ を上式に掛け算すると，$x_1^{y_1} e^{-x_1} \times x_2^{y_2} e^{-x_2}$ になります。これは，独立な 2 つのポアソン分布 $y_1 \sim \mathrm{Poisson}(x_1)$，$y_2 \sim \mathrm{Poisson}(x_2)$ の尤度の積です。つま

4.5 2項分布との関係

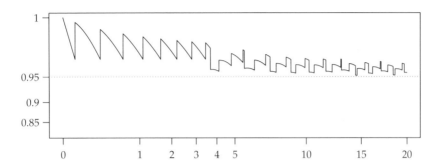

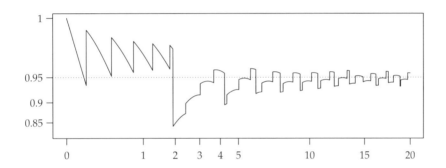

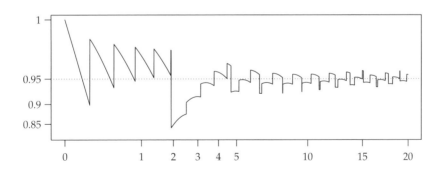

図 4.6 カバレッジの比較。（上）poisson.test() による 95％信頼区間。（中）$\sqrt{x}$ についての最短 95％信用区間。（下）中央 95％信用区間（観測値 0 のときだけ最短 95％信用区間）。

第 4 章　個数の推定（ポアソン分布）

り，2 項分布の代わりに，独立な 2 つのポアソン分布のパラメータの比 $x_1 : x_2$ を考えてもかまいません。

✎補足　同じことを言い換えれば，$x_1 \sim \mathrm{Gamma}(\alpha_1, \theta)$，$x_2 \sim \mathrm{Gamma}(\alpha_2, \theta)$ が独立ならば，その和もガンマ分布 $x_1 + x_2 \sim \mathrm{Gamma}(\alpha_1 + \alpha_2, \theta)$ に従います。また，$x_1/(x_1 + x_2)$ はベータ分布 $\mathrm{Beta}(\alpha_1, \alpha_2)$ に従います。

同様に，第 2 章ではオッズ比のシミュレーションを 2 つの 2 項分布で行いましたが，4 つのポアソン分布で行っても同じことです。

4.6　多項分布

確率 x_1, x_2（ただし $x_1 + x_2 = 1$）の事象がそれぞれ y_1, y_2 回（ただし $y_1 + y_2 = y$）起こる確率は

$$p(y_1, y_2 \mid x_1, x_2) = {}_yC_{y_1} x_1^{y_1} x_2^{y_2} = \frac{y!}{y_1! y_2!} x_1^{y_1} x_2^{y_2}$$

です。これが 2 項分布でした。

これを一般化して，確率 $x_1, x_2, \ldots, x_n$（ただし $x_1 + x_2 + \cdots + x_n = 1$）の事象がそれぞれ $y_1, y_2, \ldots, y_n$ 回（ただし $y_1 + y_2 + \cdots + y_n = y$）起こる確率は

$$p(y_1, y_2, \ldots, y_n \mid x_1, x_2, \ldots, x_n) = \frac{y!}{y_1! y_2! \ldots y_n!} x_1^{y_1} x_2^{y_2} \ldots x_n^{y_n}$$

です。この確率分布を**多項分布**（multinomial distribution）といいます。

独立な 2 個のポアソン分布の比は 2 項分布で考えることができました。同様に，独立なポアソン分布がいくつかあれば，その比は多項分布で考えることができます。

問 7　50 ページの問 2 で扱った 100 人へのアンケートの結果は，賛成 29 人，反対 45 人，どちらでもない 26 人であった。母集団でも反対が賛成より多い確率を求めよ。

答　それぞれポアソン分布とみなして，事後分布を乱数で作り，割合に直して，反対が賛成を上回る確率を求める。以下ではジェフリーズの事前分布を使った。

```
> x1 = rgamma(1e7, 29.5)  # 賛成
> x2 = rgamma(1e7, 45.5)  # 反対
> x3 = rgamma(1e7, 26.5)  # どちらでもない
> p1 = x1 / (x1 + x2 + x3)
> p2 = x2 / (x1 + x2 + x3)
> mean(p1 < p2)
[1] 0.9688644
```

母集団でも賛成より反対が多い確率は約 97％ である。一様な事前分布なら rgamma() の第 2 引数がそれぞれ 30，46，27 になるが，答えはやはり約 97％ になる。　　　□

> 補足　ガンマ分布 $x_1 \sim \mathrm{Gamma}(\alpha_1, \theta)$，$x_2 \sim \mathrm{Gamma}(\alpha_2, \theta)$，…，$x_n \sim \mathrm{Gamma}(\alpha_n, \theta)$ が独立ならば，その和もガンマ分布 $x_1 + x_2 + \cdots + x_n \sim \mathrm{Gamma}(\alpha_1 + \alpha_2 + \cdots + \alpha_n, \theta)$ です。このとき，$x_1/(x_1 + \cdots + x_n)$，$x_2/(x_1 + \cdots + x_n)$，…，$x_n/(x_1 + \cdots + x_n)$ の分布は**ディリクレ分布**（Dirichlet distribution）と呼ばれます。2 項分布の場合のベータ分布を拡張したものです。ディリクレ（Johann Peter Gustav Lejeune Dirichlet, 1805–1859 年）はドイツの数学者です。

> 補足　ディリクレ分布の乱数を発生させる関数は，R のベースにはありませんが，いくつかのパッケージで提供されています。そういったものを使わなくても，ガンマ分布の乱数から上述のようにして簡単に作り出すことができます。たとえばベクトル $(\alpha_1, \alpha_2, \ldots, \alpha_n)$ を引数としてディリクレ分布の乱数を 1 組生成する関数 rdirichlet() は次のようにして作れます：

```
rdirichlet = function(a) {
  r = rgamma(length(a), a)
  return(r / sum(r))
}
```

4.7　地震の起こる年

東海近辺では 1498 年，1605 年，1707 年，1854 年に地震が起きています：

```
> (y = diff(c(1498, 1605, 1707, 1854)))
[1] 107 102 147
```

つまり，今までに観測された地震間隔（年）は $y_1 = 107$, $y_2 = 102$, $y_3 = 147$ です。これをもとに，次の地震の起きる年を予測してみましょう。

　まず，地震の起きる時間間隔のモデルとして，単純なポアソン過程を考えましょう。つまり，どの年に地震が起きる確率も等しいとします。このとき，地震間隔 y は確率密度 $f(y) = \lambda e^{-\lambda y}$ の指数分布になります。$\int_0^\infty f(y)dy = 1$ はすぐ確かめられます。また，$\int_0^\infty y f(y)dy = 1/\lambda$ であり，λ は指数分布の平均値の逆数です。平均値を μ として，指数分布の密度関数を $e^{-y/\mu}/\mu$ と書くこともあります。$\lambda = 1/\mu$ のような変数変換で目盛の付け方が（定数倍を除いて）変わらないような自然な目盛としては，対数 $x = \log \lambda$ が良さそうです。λ で目盛った場合は $dx/d\lambda = 1/\lambda$ というジェフリーズの事前分布が付きます。

第4章　個数の推定（ポアソン分布）

📝補足 実際，ジェフリーズの事前分布を式 (3.2)

$$(p(\lambda))^2 \propto -E\left(\frac{d^2 \log p(y \mid \lambda)}{d\lambda^2}\right)$$

で求めると，$p(\lambda) \propto 1/\lambda$ になります。

したがって，$x = \log \lambda$ についての事後分布は

$$p(x \mid y) \propto p(y \mid x) \propto \prod_{i=1}^{3} \lambda e^{-\lambda y_i} = \lambda^3 e^{-\lambda \sum y_i}$$

となり，その最頻値は $\lambda = (\sum y_i/3)^{-1}$ です。

次回の地震までの時間間隔 $\tilde{y}$ の予測分布は

$$p(\tilde{y} \mid y) \propto \int_0^\infty \lambda e^{-\lambda \tilde{y}} p(\lambda \mid y) d\lambda \propto \int_0^\infty \lambda e^{-\lambda \tilde{y}} \lambda^3 e^{-\lambda \sum y_i} \frac{d\lambda}{\lambda} \propto \left(\sum y_i + \tilde{y}\right)^{-4}$$

となります。

　実際には，地震の発生はポアソン過程ではありません。以下では Brownian Passage Time（BPT）というモデルを使います。これは，地震はほぼ周期的に起きますが，周期は平均 μ，分散 $(\alpha\mu)^2$ で変動するというモデルで，発生確率の密度関数は次で与えられます：

$$p(t \mid \mu, \alpha^2) = \sqrt{\frac{\mu}{2\pi\alpha^2 t^3}} \exp\left(-\frac{(t-\mu)^2}{2\alpha^2 \mu t}\right)$$

まずはこれを R の関数にしましょう。その際，2π のような不要な定数は無視し，全体を対数にします：

```
f = function(t,m,a2) (log(m/(a2*t^3)) - (t-m)^2/(a2*m*t)) / 2
```

t が地震の間隔，m が μ，a2 が α^2 です。

　対数尤度は

```
llik = function(m,a2) f(y[1],m,a2) + f(y[2],m,a2) + f(y[3],m,a2)
```

となります。これを等高線で表すには

```
x1 = seq(80, 180, length.out=100)
x2 = seq(0.01, 0.4, length.out=100)
contour(x1, x2, outer(x1,x2,llik), nlevels=50)
```

としてもいいのですが，これでは縦軸の分布が偏るので，縦軸を対数目盛にします（つまり $\log \alpha^2$ で目盛ります）：

4.7 地震の起こる年

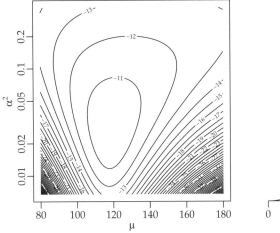
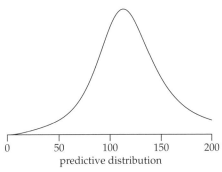

図 4.7 東海地震（BPT モデル）の尤度の等高線と予測分布

```
x1 = seq(80, 180, length.out=100)
x2 = seq(-5, -1, length.out=100)
contour(x1, x2, outer(x1, x2, function(u,v) llik(u,exp(v))), nlevels=50)
```

これの最大は（本節末 📎補足 で説明する nlm() を使って）

```
> nlm(function(v) -llik(v[1],v[2]), c(120,0.02))
...
$estimate
[1] 118.66650393    0.02656268
...
```

つまり，最尤推定値 $\mu \approx 118.67$ は，単に3つの間隔 107, 102, 147 の平均です。一方，$\alpha \approx 0.027$ は3つの間隔の分散（2ではなく3で割ったもの）を μ で割った値に近くなります。

あとは事前分布を $\mu, \log \alpha^2$ について一様と仮定し，周辺事後分布や予測分布を求めたいのですが，数値積分を使うにせよ後述の MCMC を使うにせよ，パラメータの範囲を無限大まで広げると，計算が不安定になりがちです。地震の周期が平均 μ，分散 $(\alpha\mu)^2$ で変動するというモデルですから，適用範囲を $\alpha \leq 1$，$1 \leq \mu \leq 1000$ くらいに限定して計算しましょう。

まず μ で積分して α^2 についての周辺分布を求めます。積分区間が広いと，結果が不安定になりがちですので，分割します：

```
ma2 = function(a2) {
```

第4章 個数の推定（ポアソン分布）

```
        integrate(function(m) exp(llik(m,a2)), 0, 200)$value +
        integrate(function(m) exp(llik(m,a2)), 200, 1000)$value
    }
    curve(Vectorize(ma2)(x), 0.005, 1, log="x")
```

これは $\alpha^2 \approx 0.041$ あたりで最大になります。これは var(y) / mean(y)^2 に近い値です。

また，尤度を $\log \alpha^2$ で積分して μ についての周辺分布を求めます。積分区間が広いので，念のためいくつかに分割しています：

```
mm = function(m) {
    integrate(function(x) exp(llik(m,exp(x))), -Inf, -5)$value +
    integrate(function(x) exp(llik(m,exp(x))), -5, 0)$value
}
curve(Vectorize(mm)(x), 0, 200)
```

これは y の平均 119 あたりで最大になります。

最後の大地震の起きた 1854 年から次の大地震までの年数 $\tilde{y}$ の予測分布の計算には 2 次元の積分が必要です：

$$\iint p(t \mid \mu, \alpha^2) p(\mu, \alpha^2 \mid y) d\mu\, dx, \qquad x = \log \alpha^2$$

このような 2 次元以上の積分には R の cubature パッケージの adaptIntegrate() 関数を使うのが便利です：

```
library(cubature)
ff = function(t,m,v) exp(f(t,m,exp(v)) + llik(m,exp(v)))
ytilde = function(t) {
    adaptIntegrate(function(x) ff(t,x[1],x[2]), c(0,-10), c(1000,1))$integral
}
curve(Vectorize(ytilde)(x), 1, 200)
```

最大は optimize(ytilde, c(100,120), maximum=TRUE) で求められるように $\mu = 113$ あたりです。

この予測分布が正しいとして，最後の地震（1854 年の安政東海地震）から 157 年目（2011 年）までに地震が起こらなかったとして，そこから 30 年以内（187 年目まで）に地震が起こる確率は

```
> p1 = integrate(Vectorize(ytilde), 157, 187)$value
> p2 = integrate(Vectorize(ytilde), 187, 1000)$value
> p1 / (p1 + p2)
```

40 % 程度です。非ベイズ統計の計算（[1], pp.56–57）と比較してみるとおもしろいでしょう。ただ，そもそもモデルが怪しいので，細かい計算をしたところでたいして意味は

ありません。

> 📝**補足** 多次元（2次元）の最小化では，`optim()` がよく使われます。これは Nelder–Mead 法（デフォルト）など多様な方法が使える汎用の最小化法です。一方，上で使った `nlm()`（名前は non-linear minimization の頭文字）は，Newton 法の一種を使い，2次関数的なものの最小化が得意です。最大化したい場合は，上の例のように，マイナスを付けます。また，`optimx` パッケージの `optimx()` は，多様な方法が1つの関数にまとまっており，いろいろな方法を試すのに便利です。R の最小化法については Nash [13] を参照してください。

4.8　無情報でない事前分布：エディントンのバイアス

遠くの天体（星）の明るさは，一定の時間間隔に観測されたフォトン（光の粒）の数で測定します。0個，1個，2個，……という個数なので，分布はポアソン分布です。ポアソン分布のパラメータを x とすれば，実際の観測数 y の分布は

$$p(y \mid x) = \frac{x^y e^{-x}}{y!}$$

で与えられます。x はその天体の真の明るさを表し，y の期待値が x に一致します。

観測の対象となる天体のパラメータ x の分布は，過去における多数の観測結果から，だいたい $x^{-2.5}$ に比例することがわかっているとします：

$$p(x) \propto x^{-2.5}$$

このことを使えば，事後分布は

$$p(x \mid y) = p(x)p(y \mid x) \propto x^{-2.5} \frac{x^y e^{-x}}{y!}$$

で与えられます。x に無関係な定数を省略して書くと，

$$p(x \mid y) \propto x^{-2.5} x^y e^{-x} = x^{y-2.5} e^{-x}$$

つまり x はガンマ分布 $\mathrm{Gamma}(y - 1.5)$ に従います。前述のガンマ分布の性質から，x の平均は $y - 1.5$ です。つまり，観測値 y は実際の明るさ x より平均してフォトン 1.5 個分だけ明るく見えてしまうので，それを補正しなければなりません。

事前分布が平坦でない場合に生じるこのような偏り（バイアス）は，天文学では古くから知られています。有名な天文学者 Eddington が 1913 年に短い論文 [14] で論じており，**エディントンのバイアス**（Eddington bias）と呼ばれています。同様のバイアスは 104 ページの問 11 にも見られます。

第4章　個数の推定（ポアソン分布）

📝 **補足**　エディントンのバイアスとよく混同されるものに，マルムクイストのバイアス（Malmquist bias）があります。これは，明るい星ほど遠くのものまで見えるという一種の選択バイアス（selection bias）です。

第5章
連続量の推定（正規分布）

5.1　既知の誤差をもつ測定器の問題

　ある測定器で，未知の値 μ を測定することを考えます。真の値 μ は変化しませんが，測定器には誤差があり，測定値 y は測定のたびに変化します。1回目の測定値を y_1，2回目の測定値を y_2 などと表すことにします。

　正しい測定器であれば，測定ごとに値は変動しても，何回も測定を繰り返して平均を取れば，真の値 μ に近づくはずです：

$$\lim_{n \to \infty} \frac{y_1 + y_2 + y_3 + \cdots + y_n}{n} = \mu$$

これを，y の**平均値**あるいは**期待値**（expectation, expectation value）は μ であるといい，

$$E(y) = \mu$$

と書きます。既出ですが，あらためて定義しておきます。

　同じことですが，誤差 $y - \mu$ の期待値は 0 です：

$$E(y - \mu) = 0$$

誤差の 2 乗の期待値

$$V(y) = \sigma^2 = E((y - \mu)^2)$$

を y の**分散**（variance）といいます。分散の平方根 $\sqrt{\sigma^2} = \sigma$ を**標準偏差**（standard deviation）といいます。

📝**補足**　特に，データから計算によって導かれた統計量（平均など）の標準偏差を**標準誤差**（standard error）といいます。

第5章 連続量の推定（正規分布）

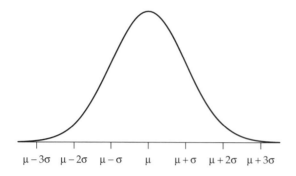

図 5.1　正規分布 $\mathcal{N}(\mu, \sigma^2)$

　天文台で測定をしていた大数学者ガウス（Carl Friedrich Gauss，1777–1855 年）は，真の値 μ が与えられたときの測定値 y の確率分布が

$$p(y \mid \mu) = \frac{1}{\sqrt{2\pi\sigma^2}} \exp\left(-\frac{(y-\mu)^2}{2\sigma^2}\right) \tag{5.1}$$

という式で与えられる分布で近似できることに気付きました（$\exp(x) = e^x$ は指数関数で，$e = 2.718\ldots$）。この式のグラフは図 5.1 のようになります。この分布を**正規分布**（normal distribution）といいます。ガウスに敬意を表して**ガウス分布**（Gaussian distribution）とも呼びます[*1]。

　y が正規分布 (5.1) に従うことを

$$y \sim \mathcal{N}(\mu, \sigma^2)$$

と略記します。$\mathcal{N}$ は normal の頭文字をかっこよく書いたものです。

　R には標準正規分布 $\mathcal{N}(\mu, \sigma^2)$ に関する次の関数があります：

- 密度関数 dnorm(x, μ, σ)
- 分布関数 pnorm(q, μ, σ) = $\int_{-\infty}^{q}$ dnorm(x, μ, σ)dx
- 分位関数 qnorm(p, μ, σ)（$p = $ pnorm(q, μ, σ) を満たす q）
- 乱数を n 個発生する rnorm(n, μ, σ)

どれも分散 σ^2 ではなく標準偏差 σ を指定することにご注意ください。μ, σ を指定しなければ，それぞれ $\mu = 0$, $\sigma = 1$ となります。$\mu = 0$, $\sigma = 1$ の正規分布 $\mathcal{N}(0,1)$ を**標準正規分布**（standard normal distribution）といいます。

[*1] 実際にはガウスより先にド・モアブル（Abraham de Moivre，1667–1754 年）やラプラスらがこの分布を使っています。

5.1 既知の誤差をもつ測定器の問題

pnorm() と qnorm() については，オプション lower.tail=FALSE を与えると，上側確率になります（つまり，$\int_{-\infty}^{q}$ でなく $\int_{q}^{\infty}$ になります）。

いま，測定値が正規分布 $\mathcal{N}(\mu, \sigma^2)$ に従い，分散 σ^2 は既知であるとして，その測定器で未知の真の値 μ を測定して，1 つの測定値 y を得たとします。このとき，ベイズの定理

$$\underbrace{p(\mu \mid y)}_{\text{事後分布}} \propto \underbrace{p(\mu)}_{\text{事前分布}} \underbrace{p(y \mid \mu)}_{\text{尤度}}$$

を使えば，未知の真の値 μ の事後分布 $p(\mu \mid y)$ を推定できます。ここで，尤度 $p(y \mid \mu)$ は式 (5.1) と同じものですが，尤度というときは y を固定して μ の関数として考えます。

無情報事前分布としては「$p(\mu) = $ 一定」を使います。これは，積分 $\int_{-\infty}^{\infty} p(\mu)d\mu$ すると発散してしまいます。つまり，このような事前分布はインプロパー（improper）です。それでも，事後分布

$$p(\mu \mid y) \propto p(\mu)p(y \mid \mu) \propto \exp\left(-\frac{(\mu - y)^2}{2\sigma^2}\right)$$

は積分できるので，問題はありません。

つまり，無情報事前分布を使えば，未知の真の値 μ から測定値 y を得る確率が正規分布 $\mathcal{N}(\mu, \sigma^2)$ であれば，測定値 y を得たときの真の値 μ の事後分布は $\mathcal{N}(y, \sigma^2)$ です。

> 📝**補足** 無情報事前分布として「$p(\mu) = $ 一定」を選ぶということは，μ そのものが自然な目盛で測定されていることを意味します。別の言い方をすれば，μ が間隔尺度であり，$\mu \to \mu + a$ のように目盛をずらしても目盛の意味が変わらないような対称性（並進対称性）がある場合です。しかし，値 μ が $\mu > 0$ を満たし，目盛の細かさを変えても（たとえばミリメートル単位で測ってもセンチメートル単位で測っても）目盛の意味が変わらないようなスケール変換の対称性（dilatation symmetry）がある場合は，μ そのものではなく $\log \mu$ を自然な目盛とするほうが理にかなっています。実際，世の中にあるいろいろな正の数値を寄せ集めると，最初の桁の数字としては「1」が最も多く（約 3 割），「2」「3」「4」と進むと次第に少なくなることが知られています（**ベンフォードの法則**，Benford's law）。たとえば，Steenstrup [15] が 1203 種類の放射性元素の半減期の最初の桁の数字を調べたところ，1〜9 の頻度はそれぞれ 368, 196, 161, 109, 106, 81, 72, 51, 59 でした。この分布は，$\log \mu$ が一様に分布すると考えると説明できます。このとき，先頭の 1〜9 の頻度はそれぞれ $\log 2 - \log 1, \log 3 - \log 2, \log 4 - \log 3, \dots$ に比例します。ベンフォードの法則は，広い範囲の正の数値からなる会計データなどが本物か，それとも人間が適当に作った改ざん物かを調べるのにも使われたことがあります。なお，μ でなく $\log \mu$ が自然な目盛なら，すべてを対数変換した目盛で考え直し，それについて正規分布を仮定することで，本章の内容をそのまま使うことができます。

> 📝**補足** ジェフリーズの事前分布を導いた考え方からすれば，何が自然な目盛かは，測定の過程に依存します。たとえば粒子の速度 v を測定する場合，一定の時間に飛ぶ距離で測定するならば v が自然な目盛で，一定の距離を飛ぶ時間（time of flight）で測定するならば $1/v$

第 5 章　連続量の推定（正規分布）

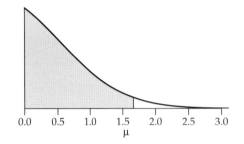

図 5.2　モデル $y \sim \mathcal{N}(\mu, 1)$，測定値 $y = -0.5$，真値 $\mu \geq 0$ という条件がある場合の μ の事後分布と 95％信用区間

が自然な目盛になる，ということがありえます。この事情は，何かが起こる割合を調べる際に，全体の数を固定するか，起こった数を固定するかという問題（第 3.15 節）と同じです。一方で，無情報でない事前分布は，一般に測定の過程に依存しません。

問 8　誤差 $\sigma = 0.1$ の測定器で測定値 $y = 9.8$ を得た。真値が $\mu \geq 10$ である確率を求めよ。

答　真値の事後分布は $\mu \sim \mathcal{N}(9.8, 0.1^2)$ であり，これが $\mu \geq 10$ になる確率 $\int_{10}^{\infty} \mathrm{dnorm}(x, 9.8, 0.1)\,dx$ は，次のように pnorm() を使って求められる：

```
> pnorm(10, 9.8, 0.1, lower.tail=FALSE)
[1] 0.02275013
```

したがって $p(\mu \geq 10 \mid y = 9.8) \approx 0.023$ である。　□

問 9　誤差 $\sigma = 1$ の質量測定器で測定値 $y = -0.5$ を得た。ところが，質量は負になりえず，真値は必ず $\mu \geq 0$ の範囲になければならない。真値の事後分布を推定せよ。

答　尤度（μ の関数）は，実際の測定値 $y = -0.5$ を中心とする分散 $\sigma^2 = 1$ の正規分布 $\mu \sim \mathcal{N}(-0.5, 1)$ になるが，事前分布は $\mu < 0$ で 0 になる。したがって，事後分布は尤度の $\mu \geq 0$ の部分である。事後分布を $0 \leq \mu \leq 3$ の範囲で描いてみよう：

```
curve(dnorm(x,-0.5,1), 0, 3)
```

図 5.2 のようになる。この事後分布の 95％信用区間（図の灰色の部分）を求めよう。

```
> t = pnorm(0, -0.5, 1, lower.tail=FALSE)   # 全面積
> qnorm(0.05*t, -0.5, 1, lower.tail=FALSE)
[1] 1.658954
```

したがって $0 \leq \mu \leq 1.66$ が（最頻値 $\mu = 0$ を含む）95％信用区間である。　□

次の問は，あるサイトに載っていた食品中の放射性セシウムの測定データに関するもの

5.1 既知の誤差をもつ測定器の問題

です。計算は簡単ですが，ちょっとテクニカルなので，興味がなければ読み飛ばしてください。

問 10 食品中の放射性セシウム ^{137}Cs (セシウム 137), ^{134}Cs (セシウム 134) の量を 2017 年 8 月 21 日に精密測定したところ，それぞれの量は $y_{137} = 0.0469$, $y_{134} = 0.00470$, 誤差は $s_{137} = 0.00144$, $s_{134} = 0.000803$ であった（単位はいずれも Bq/kg）。^{137}Cs, ^{134}Cs は福島第一原子力発電所事故時（ここでは 2011 年 3 月 11 日とするが，実際の大量放出は数日後）にほぼ 1 : 1 の割合で放出されたが，半減期はそれぞれ 30.08 年，2.0652 年であり，半減期の短い ^{134}Cs は少ししか残っていない。一方，過去の核実験などに起因する ^{137}Cs はまだ残っているが，^{134}Cs は無視できる。この食品中の ^{137}Cs のうち福島第一原発事故由来のものの割合を求めよ。なお，このデータの「誤差」の定義は不明だが，ここでは 1σ に相当する誤差（標準誤差）と解釈する。

答 ^{137}Cs, ^{134}Cs の真の量をそれぞれ x_{137}, x_{134} とし，測定値は正規分布

$$y_{137} \sim \mathcal{N}(x_{137}, s_{137}^2), \qquad y_{134} \sim \mathcal{N}(x_{134}, s_{134}^2)$$

と仮定する。x_{137}, x_{134} の事前分布が平坦であれば，事後分布は

$$x_{137} \sim \mathcal{N}(y_{137}, s_{137}^2), \qquad x_{134} \sim \mathcal{N}(y_{134}, s_{134}^2)$$

である。この x_{137} のうち福島第一原発事故由来のものの割合を r とする。つまり rx_{137} が事故由来の ^{137}Cs の量である。また，事故から d 日を経た時点での ^{134}Cs の量は同時点での ^{137}Cs の量の $c = 2^{(1/30.08 - 1/2.0652)d/365.2422} \approx 0.13$ 倍すなわち $x_{134} = crx_{137}$ のはずである。ここで，割合 r は 1 を超えてはならないから，制約条件として

$$0 \le r = \frac{x_{134}}{cx_{137}} \le 1$$

を満たさなければならない。つまり，x_{137}, x_{134} の事前分布は全域で平坦ではなく，$0 \le r \le 1$ の外側で事前分布は 0 になると考える。この仮定のもとに r の事後分布は次のようにして計算できる：

```
y134 = 0.00470; s134 = 0.000803
y137 = 0.0469;  s137 = 0.00144
d = as.numeric(difftime(as.POSIXct("2017-08-21"),
                        as.POSIXct("2011-03-11")), units="days")
c = 2^((1/30.08 - 1/2.0652) * d / 365.2422)
x137 = rnorm(1000000, y137, s137)
x134 = rnorm(1000000, y134, s134)
r = x134 / (c * x137)
r = ifelse(r <= 1, r, NA)
```

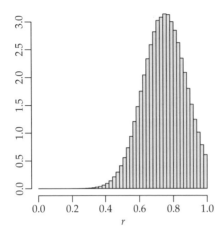

図 5.3　問 10 の福島第一原発事故に起因する ^{137}Cs の割合の度数分布

つまり，条件 $r \leq 1$ を満たさなければ，r を NA（Not Available，欠損値）で上書きすることによって，なかったことにする。この r の度数分布を $0 \leq r \leq 1$ で 0.02 刻みに描くには

```
hist(r, breaks=seq(0,1,0.02), col="gray")
```

とする（図 5.3）。r の最短の 95 ％ 信用区間（HPD 区間）は，58 ページの hpd() 関数を使って

```
> hpd(r)
[1] 0.5219617 0.9814742
```

つまり $[0.52, 0.98]$ である。　　　　　　　　　　　　　　　　　　　　　　　　　□

5.2　測定の連鎖

　誤差 σ_1 の測定で測定値 y_1 を得ました。さらに誤差 σ_2 の測定で測定値 y_2 を得ました。真値 μ の事後分布はどうなるでしょうか。

　無情報事前分布を使えば，誤差 σ_1 の測定で測定値 y_1 を得た時点で，事後分布は $\mathcal{N}(y_1, \sigma_1^2)$ になります。この事後分布を次の測定の事前分布として使うと，最終的な事後分布の密度関数は，$\mathcal{N}(y_1, \sigma_1^2)$ と $\mathcal{N}(y_2, \sigma_2^2)$ の密度関数の積に比例します。

2 つの正規分布 $\mathcal{N}(y_1, \sigma_1^2)$, $\mathcal{N}(y_2, \sigma_2^2)$ の密度関数の積は

$$\exp\left(-\frac{(\mu-y_1)^2}{2\sigma_1^2}\right) \times \exp\left(-\frac{(\mu-y_2)^2}{2\sigma_2^2}\right) = \exp\left(-\left(\frac{(\mu-y_1)^2}{2\sigma_1^2} + \frac{(\mu-y_2)^2}{2\sigma_2^2}\right)\right)$$

に比例します。この右辺の内側の括弧の中を μ の 2 次式と見て平方完成すれば

$$\frac{(\mu-y_1)^2}{2\sigma_1^2} + \frac{(\mu-y_2)^2}{2\sigma_2^2} = \frac{1}{2}\left(\frac{1}{\sigma_1^2} + \frac{1}{\sigma_2^2}\right)\left(\mu - \frac{\dfrac{y_1}{\sigma_1^2} + \dfrac{y_2}{\sigma_2^2}}{\dfrac{1}{\sigma_1^2} + \dfrac{1}{\sigma_2^2}}\right)^2 + \underbrace{\frac{(y_1-y_2)^2}{2(\sigma_1^2+\sigma_2^2)}}_{\text{定数}} \tag{5.2}$$

となります。ここで

$$\frac{1}{\sigma^2} = \frac{1}{\sigma_1^2} + \frac{1}{\sigma_2^2}, \quad y = \frac{\dfrac{y_1}{\sigma_1^2} + \dfrac{y_2}{\sigma_2^2}}{\dfrac{1}{\sigma_1^2} + \dfrac{1}{\sigma_2^2}}$$

と置けば，結局

$$\exp\left(-\frac{(\mu-y_1)^2}{2\sigma_1^2}\right) \times \exp\left(-\frac{(\mu-y_2)^2}{2\sigma_2^2}\right) \propto \exp\left(-\frac{(\mu-y)^2}{2\sigma^2}\right)$$

つまり，正規分布の密度関数の積はまた正規分布の密度関数です。その分散の逆数は個々の分散の逆数の和で，平均値は個々の平均値を分散の逆数で重み付けした平均です。

このことをさらに簡単に言うために，分散の逆数を**精度**（precision）と名付けます。すると，精度は和になり，平均値は個々の平均値を精度で重み付けした平均になります。一般に，複数回の測定の精度は，個々の測定の精度の和になり，事後分布の平均は精度で重み付けした各測定値の平均になります：

$$\frac{1}{\sigma^2} = \sum \frac{1}{\sigma_i^2}, \quad y = \frac{\sum(y_i/\sigma_i^2)}{\sum(1/\sigma_i^2)} \tag{5.3}$$

特に，同じ精度の測定を n 回繰り返せば，事後分布の平均は各測定値の平均になり，精度は n 倍になります（誤差分散は $1/n$ 倍に，誤差標準偏差は $1/\sqrt{n}$ 倍になります）。

> **補足** 有限の分散を持つ分布のデータ n 個の和（あるいは平均）の分布は，n を増やせば限りなく正規分布に近づくことはよく知られています（**中心極限定理**）。一方，ベイズ統計的には，パラメータの真の値のまわりで，事前分布が 0 でなく，尤度関数が十分滑らかならば，n 回測定したときの事後分布は，n を増やせば限りなく正規分布に近づきます（事後分布の**漸近正規性**）。こういったことが誤差分布として正規分布がよく使われる理由ですが，n が小さくても尤度がなるべく正規分布に近くなるように目盛の付け方を工夫する理由もここにあります。

第 5 章　連続量の推定（正規分布）

📝**補足**　事後分布がぴったり正規分布でなくても，正規分布で近似すると楽です。これを**ラプラス近似**といいます。

　無情報事前分布から出発して $\mathcal{N}(y_1, \sigma_1^2)$, $\mathcal{N}(y_2, \sigma_2^2)$ に相当する測定を行っても，最初から何らかの方法で事前分布が $\mathcal{N}(y_1, \sigma_1^2)$ だとわかっているときに $\mathcal{N}(y_2, \sigma_2^2)$ に相当する測定を行っても，当然ながら事後分布は同じです。

問 11　ある製品の質量（単位：グラム）は $y_1 = 100$, $\sigma_1 = 1$ の正規分布 $\mathcal{N}(y_1, \sigma_1^2)$ で近似できることがわかっている。いま，1 つの製品を取り出して，誤差 $\sigma_2 = 1$ の測定器で質量を測ったところ，測定値 $y_2 = 102$ を得た。この取り出した製品の真の質量を推定せよ。

答　式 (5.3) により

```
> (100/1^2+102/1^2) / (1/1^2+1/1^2)
[1] 101
> sqrt(1/(1/1^2 + 1/1^2))
[1] 0.7071068
```

つまり質量 101 グラム（誤差の標準偏差 0.7 グラム）と推定できる。　　　　□

　このように，無情報でない事前分布を使えば，バイアスが補正でき，誤差が減らせます。102 という測定値は，真の値 101 に誤差 1 が加わったものかもしれず，真の値 103 に誤差 −1 が加わったものかもしれないのですが，事前分布から，101 のほうが 103 よりずっと多いことがわかっているので，103 であるよりは 101 であろう，というわけです。95 ページのエディントンのバイアスも参照してください。

5.3　誤差の事後分布

　次に，測定すべき量の真値 μ がわかっていて，誤差分散 σ^2 が未知である場合を考えましょう。測定値 y は次の分布から得られます。

$$p(y \mid \sigma^2) = \frac{1}{\sqrt{2\pi\sigma^2}} \exp\left(-\frac{(y-\mu)^2}{2\sigma^2}\right) \tag{5.4}$$

これを尤度と見るとき，y は定数になりますが，変数は σ とするか σ^2 とするかで関数形が変わります。この場合の自然な変数は何でしょうか。たとえば $\mu = 0$, $y = 1$ のとき，とりあえず σ でプロットしてみましょう。

```
> curve(1/sqrt(2*pi*x^2)*exp(-1/(2*x^2)), 0, 10)
```

5.3 誤差の事後分布

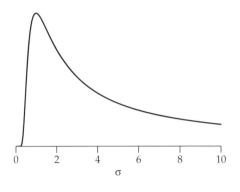
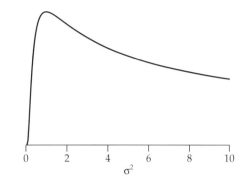
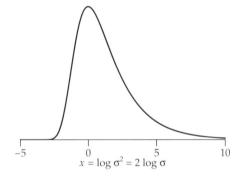

図 5.4 式 (5.4) を $\mu = 0$, $y = 1$ のとき，（上左）横軸 σ でプロットしたもの，（上右）横軸 σ^2 でプロットしたもの，（下）横軸 $x = \log \sigma^2 = 2 \log \sigma$ でプロットしたもの。

結果は図 5.4 左上のようになります。同様に σ^2 でプロットすると図 5.4 右上のようになります：

```
> curve(1/sqrt(2*pi*x)*exp(-1/(2*x)), 0, 10)
```

これらを見てわかるように，σ や σ^2 でプロットすると，右に長く延びた分布になってしまいます。一方，後述のように対数でプロットすれば，図 5.4 下のように，より自然なグラフになるだけでなく，分散か標準偏差かで悩まなくてすみます。分散の対数 $\log \sigma^2 = 2 \log \sigma$ は標準偏差の対数を単に 2 倍したもので，目盛としては実質同じです。

そこで，事前分布は $\log \sigma$ について一様分布であるとしましょう。つまり，図 5.5 上のように分布するとします。これを σ についての密度に読み替えると，同図下のように，密度は $1/\sigma$ に比例します。これは $\int (1/\sigma) d\sigma = \log \sigma$ のためです。同様に，σ^2 についての密度に置き換えると，密度は $1/\sigma^2$ に比例します。

📝補足 このことを $d \log \sigma^2 \propto d\sigma/\sigma \propto d\sigma^2/\sigma^2$ と書いて表します。

この $p(\sigma) \propto 1/\sigma$ あるいは $p(\sigma^2) \propto 1/\sigma^2$ がジェフリーズの事前分布になりますが，分

第 5 章 連続量の推定（正規分布）

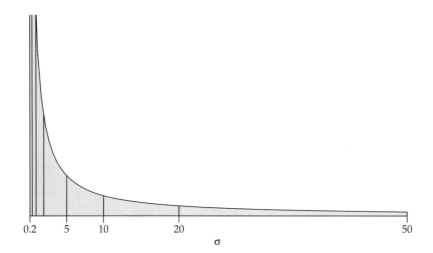

図 5.5　横軸を σ の対数目盛にしたときに一様な分布（上）は，横軸を σ そのものにしたときは密度が $1/\sigma$ に比例する分布（下）になる。

散 σ^2 か標準偏差 σ かで違い，それぞれ最頻値も違ってきます。いずれにせよ事後分布を解釈する場合はまた自然な目盛に立ち戻らなければならず，たいへん煩わしいので，以下では $\log \sigma^2 = 2\log \sigma = x$ つまり $\sigma^2 = e^x$ と置いて，x について一様な事前分布を使うことにします。このとき，事後分布は

$$p(x \mid y) \propto p(y \mid x) \propto \frac{1}{\sqrt{2\pi\sigma^2}} \exp\left(-\frac{(y-\mu)^2}{2\sigma^2}\right) = \frac{1}{\sqrt{2\pi e^x}} \exp\left(-\frac{(y-\mu)^2}{2e^x}\right) \quad (5.5)$$

となります。たとえば $\mu = 0$，$y = 1$ の場合，このグラフ

```
> curve(1/sqrt(2*pi*exp(x))*exp(-1/(2*exp(x))), -5, 10)
```

は図 5.4 下のようになります。事後分布が最大値をとるのは $x = \log \sigma^2 = 0$ したがって $\sigma^2 = 1$ のときです。一般に，式 (5.5) を $1/\sigma$ で微分したものを 0 と置けばわかるように，$\sigma^2 = (y-\mu)^2$ が事後分布の最大値を与えます。

複数の測定値が得られた場合，事後分布 (5.5) を事前分布として尤度を何度も掛け算す

れば

$$p(x \mid y_1, y_2, \ldots) \propto \frac{1}{\sigma^n} \exp\left(-\frac{\sum_{i=1}^{n}(y_i - \mu)^2}{2\sigma^2}\right)$$

となります。これが最大値をとるのは

$$\sigma^2 = \frac{1}{n}\sum_{i=1}^{n}(y_i - \mu)^2$$

のときです。

> 📝**補足** 分散を計算するときには n ではなく $n-1$ で割るように習われたかもしれませんが，それは未知の μ の代わりにデータの平均値 $\bar{y} = (y_1 + y_2 + \cdots + y_n)/n$ を使う場合です：
>
> $$s^2 = \frac{1}{n-1}\sum_{i=1}^{n}(y_i - \bar{y})^2$$
>
> μ が既知の場合には n で割るのが正しいやり方です。

5.4 平均と分散の同時推定

正規分布 $\mathcal{N}(\mu, \sigma^2)$ の密度関数

$$p(y \mid \mu, \sigma^2) = \frac{1}{\sqrt{2\pi\sigma^2}} \exp\left(-\frac{(y-\mu)^2}{2\sigma^2}\right)$$

で，今度は平均 μ も分散 σ^2 も未知だとします。データ y を固定すれば，上の式はパラメータ μ，σ^2 の尤度を表します。同じ量を n 回測定して測定値の列 $y_1, y_2, \ldots, y_n$ を得れば，尤度は上の式の n 個の積となります：

$$p(y_1, \ldots, y_n \mid \mu, \sigma^2) = \prod_{i=1}^{n} \frac{1}{\sqrt{2\pi\sigma^2}} \exp\left(-\frac{(y_i - \mu)^2}{2\sigma^2}\right)$$

$$\propto \frac{1}{\sigma^n} \exp\left(-\frac{\sum_{i=1}^{n}(y_i - \mu)^2}{2\sigma^2}\right)$$

しかし，μ の値を変えて尤度を計算するたびに全データ $y_1, y_2, \ldots, y_n$ を使うのは面倒です。そこで，あらかじめデータの平均 $\bar{y}$ とデータの分散 s^2

$$\bar{y} = \frac{1}{n}\sum_{i=1}^{n} y_i, \quad s^2 = \frac{1}{n-1}\sum_{i=1}^{n}(y_i - \bar{y})^2$$

を計算しておけば，

第 5 章　連続量の推定（正規分布）

$$\sum_{i=1}^{n}(y_i - \mu)^2 = \sum_{i=1}^{n}(y_i - \bar{y} + \bar{y} - \mu)^2$$

$$= \sum_{i=1}^{n}\left((y_i - \bar{y})^2 + 2(y_i - \bar{y})(\bar{y} - \mu) + (\bar{y} - \mu)^2\right) = (n-1)s^2 + n(\bar{y} - \mu)^2$$

になるので，いちいち全データを使わなくてすみます．全データの代わりに平均 $\bar{y}$ と分散 s^2 を使えば十分という意味で，これらをこの場合の**十分統計量**（sufficient statistic）といいます．これらを使えば，尤度は

$$p(y_1, \ldots, y_n \mid \mu, \sigma^2) \propto \frac{1}{\sigma^n} \exp\left(-\frac{(n-1)s^2 + n(\bar{y} - \mu)^2}{2\sigma^2}\right)$$

と書くことができます．事前分布を $x_1 = \mu$ と $x_2 = \log\sigma^2$ について一様とすれば，事後分布は上の式に $\mu = x_1$, $\sigma^2 = \exp(x_2)$ を代入した次の式になります．

$$p(x_1, x_2 \mid y_1, y_2, \ldots, y_n) \propto \exp\left(-\frac{nx_2}{2} - \frac{(n-1)s^2 + n(\bar{y} - x_1)^2}{2\exp(x_2)}\right) \tag{5.6}$$

　適当なデータ $y = (1, 2, 3, \ldots, 10)$ を与えて，事後分布の等高線図を描いてみましょう（図 5.6）．

```
y = 1:10  # データ
n = length(y)
ybar = mean(y)
s2 = var(y)
f = function(x1, x2) {  # 事後分布
  exp(-n*x2/2) * exp(-((n-1)*s2+n*(ybar-x1)^2) / (2*exp(x2)))
}
x1 = seq(3, 8, length.out=101)     # 等高線を描くためのメッシュ
x2 = seq(1, 3.5, length.out=101)
contour(x1, x2, outer(x1,x2,Vectorize(f)))  # 等高線を描く
```

5.5　分散の分布

　上の式 (5.6) で $x_2\ (= \log\sigma^2)$ を固定すれば，$x_1\ (= \mu)$ の事後分布は $\mathcal{N}(\bar{y}, \sigma^2/n)$ です．逆に $x_1\ (= \mu)$ を固定して，$x_2\ (= \log\sigma^2)$ だけについて考えましょう．

　式 (5.6) で

$$x = \frac{\sum(y_i - \mu)^2}{\sigma^2} = \frac{(n-1)s^2 + n(\bar{y} - \mu)^2}{\sigma^2} = \frac{(n-1)s^2 + n(\bar{y} - x_1)^2}{\exp(x_2)}$$

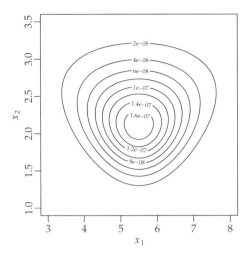

図 5.6 モデル $y \sim \mathcal{N}(\mu, \sigma^2)$ でデータ $y = (1, 2, 3, \ldots, 10)$ が与えられたときの $x_1 = \mu, x_2 = \log \sigma^2$ の事後分布の等高線

と置き，x_1 を固定して考えると，$x \propto e^{-x_2}$, $dx/dx_2 \propto x$ より，$dx_2 \propto dx/x$ と書くことができます．したがって，事後分布は

$$p(x_2 \mid y_1, y_2, \ldots, y_n) \, dx_2 \propto x^{n/2} e^{-x/2} \, dx_2 \propto x^{n/2-1} e^{-x/2} \, dx$$

となります．このような，密度関数が $x^{n/2-1} e^{-x/2}$ に比例する分布を，自由度 n の**カイ2乗分布**（χ^2 分布，chi-square distribution）といいます．つまり，$x_1 = \mu$ を固定し，$x_2 = \log \sigma^2$ の事前分布を一様分布としたとき，上のように定義した x の事後分布は自由度 n のカイ2乗分布です．x が自由度 n のカイ2乗分布に従うことを

$$x \sim \chi^2(n)$$

と書きます．$\overset{\text{カイ}}{\chi}$ はギリシャ文字です．

R には自由度 n のカイ2乗分布についての次の関数があります：

- 密度関数 dchisq(x, n)
- 分布関数 pchisq(q, n) $= \int_0^q$ dchisq(x, n)dx
- 分位関数 qchisq(p, n)（$p = $ pchisq(q, n) を満たす q）
- 乱数を m 個発生する rchisq(m, n)

x を自由度 n のカイ2乗分布の乱数とすれば，

$$x_2 = \log \frac{(n-1)s^2 + n(\bar{y} - x_1)^2}{x}$$

で $x_2 = \log \sigma^2$ が乱数として生成できます．

第 5 章 連続量の推定（正規分布）

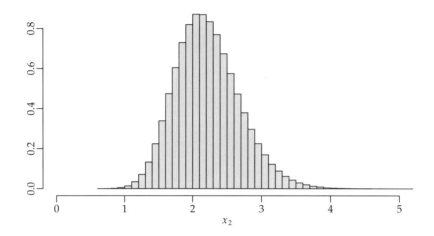

図 5.7　データ $y = (1, 2, 3, \ldots, 10)$ について，$\mu = 5.5$ と固定したときの，$x_2 = \log \sigma^2$ の事後分布のヒストグラム

問 12　データ $y = (1, 2, 3, 4, 5, 6, 7, 8, 9, 10)$ について，$x_1 = \mu = 5.5$ としたとき，$x_2 = \log \sigma^2$ の事後分布の乱数を生成し，ヒストグラムを描け．

答　次のようにして乱数 100 万個を生成し，ヒストグラムを描く．

```
y = 1:10       # データ
n = length(y)
ybar = mean(y)
s2 = var(y)
x1 = 5.5
x2 = log(((n-1)*s2+n*(ybar-x1)^2) / rchisq(1000000,n))
hist(x2, freq=FALSE, col="gray", breaks=50)
```

結果は図 5.7 のようになる．　　　　　　　　　　　　　　　　　　　　　□

> **補足**　$x^{n/2-1} e^{-x/2}$ は 81 ページのガンマ分布の密度関数 (4.1) で $\alpha = n/2$，$\theta = 2$ と置いたものにほかなりません．つまり，カイ 2 乗分布の密度関数は
> $$f(x) = \frac{1}{\Gamma(n/2) 2^{n/2}} x^{n/2-1} e^{-x/2} \tag{5.7}$$
> と書くことができます．

> **補足**　x がカイ 2 乗分布に従うとき，逆数 $z = 1/x$ の分布を**逆カイ 2 乗分布** (inverse chi-square distribution) と呼ぶことがあります．$dz = -x^{-2} dx$ であることを考慮すれば
> $$x^{n/2-1} e^{-x/2} dx \propto (1/z)^{n/2+1} e^{-1/(2z)} dz$$

となり，見かけ上 $x = 1/z$ の肩が $n/2 - 1$ から $n/2 + 1$ に変化します。

> ✎ 補足　以上の話では，事前分布が $x_2 = \log \sigma^2$ について一様分布であるとしました。$dx_2 \propto x^{-1} dx$ から $x^{n/2-1} \exp(-x/2)$ の -1 が出て，ちょうど自由度 n のカイ2乗分布になるのでした。仮に事前分布が σ について一様ならば，$d\sigma \propto x^{-3/2} dx$ から $x^{(n-1)/2-1} \exp(-x/2)$ になり，自由度 $n-1$ のカイ2乗分布になります。また，事前分布が σ^2 について一様ならば，$d\sigma^2 \propto x^{-2} dx$ から $x^{(n-2)/2-1} \exp(-x/2)$ になり，自由度 $n-2$ のカイ2乗分布になります。つまり，$\log \sigma \to \sigma \to \sigma^2$ の違いはデータの個数にして1ずつの違いに相当するといえます。個数が多くなれば事前分布の違いは目立たなくなります。

上で求めた $x_2 = \log \sigma^2$ の分布は，$x_1 = \mu$ を固定した場合の条件付き確率分布です。これに対して，$x_1 = \mu$ を邪魔なパラメータ（nuisance parameter）として積分して消し去ることもできます：

$$
\begin{aligned}
p(x_2 \mid y_1, y_2, \ldots) &\propto \int_{-\infty}^{\infty} \frac{1}{\sigma^n} \exp\left(-\frac{(n-1)s^2 + n(\bar{y} - \mu)^2}{2\sigma^2}\right) d\mu \\
&= \underbrace{\int_{-\infty}^{\infty} \frac{1}{\sqrt{2\pi\sigma^2/n}} \exp\left(-\frac{(\bar{y} - \mu)^2}{2\sigma^2/n}\right) d\mu}_{=1} \cdot \frac{\sqrt{2\pi\sigma^2/n}}{\sigma^n} \exp\left(-\frac{(n-1)s^2}{2\sigma^2}\right) \\
&\qquad\qquad\qquad\qquad\qquad \propto \sigma^{1-n} \exp\left(-\frac{(n-1)s^2}{2\sigma^2}\right)
\end{aligned}
$$

こちらの分布を x_2 の**周辺分布**（marginal distribution）と呼びます。不要なパラメータについて積分して周辺分布を求めることを**周辺化**（marginalization）と呼びます。ここで $x = (n-1)s^2/\sigma^2$ と置くと，$dx/x = dx_2$ を考慮して，

$$
p(x_2 \mid y_1, y_2, \ldots) \propto x^{(n-1)/2} \exp(-x/2)\, dx_2 \propto x^{(n-1)/2-1} \exp(-x/2)\, dx
$$

となるので，x は自由度 $n-1$ のカイ2乗分布になります：

$$
x = (n-1)s^2/\sigma^2 \sim \chi^2(n-1)
$$

この結果は，形式上，古典的な頻度主義統計学の結果と一致します。ただし，古典的な統計学では σ^2 は定数，s^2 が確率変数でしたが，ベイズ統計学では s^2 が定数，σ^2 が確率変数です。

5.6　平均値の分布

事後分布

$$
p(x_1, x_2 \mid \ldots) \propto \frac{1}{\sigma^n} \exp\left(-\frac{(n-1)s^2 + n(\bar{y} - \mu)^2}{2\sigma^2}\right), \quad x_1 = \mu,\ x_2 = \log \sigma^2
$$

第5章　連続量の推定（正規分布）

を今度は $x_2 = \log \sigma^2$ について積分して消し去ります。

$$(n-1)s^2 + n(\bar{y} - \mu)^2 = A, \quad A/\sigma^2 = z$$

と置くと，$\sigma = (A/z)^{1/2}$ より

$$p(x_1 \mid \ldots) \propto \int_{-\infty}^{\infty} \sigma^{-n} e^{-z/2} dx_2 = \int_{\infty}^{0} (A/z)^{-n/2} e^{-z/2} \frac{dx_2}{dz} dz$$

$$= \int_{\infty}^{0} (A/z)^{-n/2} e^{-z/2} (-1/z) dz = A^{-n/2} \int_{0}^{\infty} z^{n/2-1} e^{-z/2} dz$$

この積分は，$z^{n/2-1} e^{z/2}$ が自由度 n のカイ2乗分布の密度関数に比例することを思い出せば，定数になるので，結局

$$p(x_1 \mid \ldots) \propto A^{-n/2} \propto \left(1 + \frac{(\bar{y} - \mu)^2}{(n-1)s^2/n} \right)^{-n/2}$$

となります。

　ここで，自由度 ν の**スチューデントの t 分布**（Student's t distribution）または単に **t 分布**（t distribution）と呼ばれる分布について復習しましょう。これは古典的な統計学でしょっちゅう現れるもので，その密度関数は $(1 + t^2/\nu)^{-(\nu+1)/2}$ に比例します。特に $\nu = 1$ の場合 $(1 + t^2)^{-1}$ に比例し，**コーシー分布**（Cauchy distribution）といいます。自由度 ν の t 分布の平均は0，分散は $\nu/(\nu-2)$ です。自由度2以下では分散が定義されません。

　Rには自由度 ν の t 分布についての次の関数があります：

- 密度関数 dt(x, ν)
- 分布関数 pt(q, ν) $= \int_{-\infty}^{q}$ dt(x, ν)dx
- 分位関数 qt(p, ν)（$p =$ pt(q, ν) を満たす q）
- 乱数を n 個発生する rt(n, ν)

　この t 分布の密度関数と先ほどの $p(x_1 \mid \ldots)$ を見比べれば，$t_{n-1} = (\mu - \bar{y})/\sqrt{s^2/n}$ が自由度 $n-1$ の t 分布をすることがわかります。これを μ について解けば

$$\mu = \bar{y} + t_{n-1} \sqrt{\frac{s^2}{n}} \tag{5.8}$$

となります。t_{n-1} の平均が0，分散が $(n-1)/(n-3)$ であることを使えば，μ の事後分布の平均は $\bar{y}$ で，分散は

$$V(\mu) = \frac{n-1}{n-3} \cdot \frac{s^2}{n}$$

となります。データの個数 n が4以上でないと分散は求められません。

112

問 13 データ $y = (-2, -1, 0, 1, 2, 3, 4, 5, 6)$ が正規分布 $\mathcal{N}(\mu, \sigma^2)$ からのサンプルであると仮定して，その平均値 μ の信頼区間（信用区間）を求めよ．

答 明らかに正規分布をしていない作為的なデータであるが，結果は平均 $\bar{y}$ と分散 s^2 にしか依存しないので，計算練習として入力が簡単なデータを使った．まず古典的な信頼区間は t.test() という関数で求められる：

```
> y = -2:6
> t.test(y)

One Sample t-test

data:  y
t = 2.1909, df = 8, p-value = 0.05984
alternative hypothesis: true mean is not equal to 0
95 percent confidence interval:
 -0.1050841  4.1050841
sample estimates:
mean of x
        2
```

出力を下から見ていくと，まず平均 $\bar{y} = 2$ は自明であろう．次の 95% 信頼区間は $[-0.105, 4.105]$ で，かなり広い．一番上の p 値 0.05984 は，帰無仮説 $\mu = 0$ を仮定したとき，$|\bar{y} - \mu| \geq 2$ となる確率である（古典的には μ が定数，$\bar{y}$ が確率変数である）．$p = 0.05984 > 0.05$ であるので，（5% 水準では）$\mu = 0$ と $\bar{y} = 2$ の違いは有意でない．

　ベイズ統計では，μ が確率変数であり，その事後分布の 95% 信用区間は，式 (5.8) を使って，

```
> y = -2:6
> n = length(y)
> qt(c(0.025,0.975), n-1) * sqrt(var(y) / n) + mean(y)
[1] -0.1050841  4.1050841
```

となる．数値的には古典的な 95% 信頼区間と完全に一致するが，考え方は異なる．また，μ の事後分布が $\mu \leq 0$ になる確率が古典的な片側 p 値に相当するが，通常は（t.test() のデフォルトの）両側 p 値を使うので，片側 p 値を 2 倍する：

```
> 2 * pt(-abs(mean(y)) / sqrt(var(y) / n), n-1)
[1] 0.05983788
```

これも t.test() の出力と完全に一致する． □

問 14 2 組のデータ $y_1 = (1, 2, 3, 4, 5, 6, 7, 8, 9, 10)$ と $y_2 = (6, 7, 8, 9, 10)$ がある．これらはそれぞれ $y_1 \sim \mathcal{N}(\mu_1, \sigma_1^2)$，$y_2 \sim \mathcal{N}(\mu_2, \sigma_2^2)$ のように正規分布をすると仮定して，

第 5 章　連続量の推定（正規分布）

$\mu_2 - \mu_1$ の信用区間と，$\mu_2 > \mu_1$ の確率を調べよ。

答　μ_1，μ_2 の事後分布を表す 2 組の乱数 mu1，mu2 を各 10^7 (1e7) 個生成する：

```
y1 = 1:10
y2 = 6:10
n1 = length(y1)
n2 = length(y2)
mu1 = rt(1e7, n1-1) * sqrt(var(y1) / n1) + mean(y1)
mu2 = rt(1e7, n2-1) * sqrt(var(y2) / n2) + mean(y2)
```

$\mu_2 - \mu_1$ の中央 95％ 信用区間（2.5％ 点と 97.5％ 点を両端とする区間）は quantile() 関数で求められる：

```
> quantile(mu2 - mu1, c(0.025, 0.975))
      2.5%      97.5%
-0.4116891  5.4108151
```

$[-0.41, 5.41]$ である。また，$\mu_1 < \mu_2$ となる確率は

```
> mean(mu1 < mu2)
[1] 0.9582333
```

つまり y_1 の平均より y_2 の平均が大きいことは 95.8％ 確かである。

同じことは，数値積分でも求めることができる。

$$p(\mu_1 < \mu_2) = \int_{-\infty}^{\infty} \left(\int_{-\infty}^{\mu_2} p(\mu_1 \mid y) d\mu_1 \right) p(\mu_2 \mid y) d\mu_2$$

であるから，

```
y1 = 1:10
y2 = 6:10
n1 = length(y1)
n2 = length(y2)
m1 = mean(y1)
m2 = mean(y2)
s1 = sqrt(var(y1) / n1)
s2 = sqrt(var(y2) / n2)
f = function(x) pt((x-m1)/s1, n1-1) * dt((x-m2)/s2, n2-1) / s2
integrate(f, -Inf, Inf)
```

のように計算すればよい。結果は

```
0.958215 with absolute error < 1.1e-05
```

で，シミュレーションの結果とよく一致する。

ちなみに，平均の差の標準偏差は

114

5.6 平均値の分布

```
> sd(mu2 - mu1)
[1] 1.475804
```

となるが，これは計算でも出せて，μ の分散が $\frac{n-1}{n-3} \cdot \frac{s^2}{n}$ であり，差 $\mu_1 - \mu_2$ の分散はそれぞれの分散の和であるので，差の標準偏差は

```
> sqrt((n1-1)/(n1-3)*var(y1)/n1 + (n2-1)/(n2-3)*var(y2)/n2)
[1] 1.475998
```

が正確な値である。すなわち，$\mu_2 - \mu_1 = 2.50 \pm 1.48$（$\pm$ の後は標準誤差すなわち 1σ 相当の誤差）ということになる。　　　　　　　　　　　　　　　　　　　　　　　　　　□

　上の問題のような，分散が異なる 2 群の差を調べる問題は，古典的な統計学では**ベーレンス・フィッシャー問題**（Behrens–Fisher problem）と呼ばれています。古典的な統計学でよく使われているのが Welch によるいわゆる「等分散を仮定しない t 検定」という近似的な方法で，R の t.test() のデフォルトとして採用されています。上の問題であれば，次のようにします：

```
> y1 = 1:10
> y2 = 6:10
> t.test(y1, y2)

Welch Two Sample t-test

data:  y1 and y2
t = -2.1004, df = 12.876, p-value = 0.05597
alternative hypothesis: true difference in means is not equal to 0
95 percent confidence interval:
 -5.07386764  0.07386764
sample estimates:
mean of x mean of y
     5.5       8.0
```

$p = 0.055$ で，かろうじて有意ではありません。$\mu_2 - \mu_1$ の 95 ％信頼区間は $[-0.07, 5.07]$ 程度です。

　この Welch の検定については，広く行われている誤った運用があります。それは，「等分散かどうか検定し，等分散なら，等分散を仮定した t 検定を行い，そうでないなら，等分散を仮定しない（Welch の）t 検定を行う」という慣習的な方法です。もともと等分散であることがわかっている場合を除き，2 群の差を調べるためには，最初から等分散を仮定しない（Welch の）t 検定を行うべきです。R の t.test() ではデフォルトでそうなっています。拙著 [1] 97 ページでは，4 通りの方法を比較し，Welch の t 検定が（多少甘めではあるが）最も良い結果を出すことを示しています。同じテストデータを，上の問題の

第 5 章 連続量の推定（正規分布）

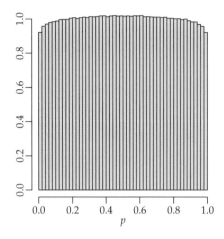

図 5.8 $\mathcal{N}(0, 1.5^2)$ から抜き出した 10 個から推定した μ_1，$\mathcal{N}(0, 1^2)$ から抜き出した 30 個から推定した μ_1 について，$\mu_1 < \mu_2$ である確率の度数分布（1000 万回繰返し）

解答で用いたベイズ統計の方法を用いて，計算してみましょう。群 1 は $\mathcal{N}(0, 1.5^2)$ から抜き出した 10 個，群 2 は $\mathcal{N}(0, 1^2)$ から抜き出した 30 個で，$\mu_1 < \mu_2$ である確率を求め，それが古典的（頻度主義）統計学で 5 ％ 水準で有意になる割合を求めます。もともと平均の差がないデータなので，頻度論的には有意水準と同じ 0.05 になるはずです。

```
n1 = 10
n2 = 30
fun = function() {
  y1 = rnorm(n1, mean=0, sd=1.5)
  y2 = rnorm(n2, mean=0, sd=1.0)
  m1 = mean(y1)
  m2 = mean(y2)
  s1 = sqrt(var(y1) / n1)
  s2 = sqrt(var(y2) / n2)
  f = function(x) pt((x-m1)/s1, n1-1) * dt((x-m2)/s2, n2-1) / s2
  integrate(f, -Inf, Inf)$value
}
p = replicate(1000000, fun())   # 非常に時間がかかる！
mean(p < 0.025 | p > 0.975)
```

これを実行してみると，少し辛め（0.046 程度）の結果になります。同様に，1 ％ 水準では 0.0088 程度になります。p の分布は図 5.8 のようになり，両側でやや辛くなります。この傾向は個数が少ないときに顕著となり，個数が増えるにつれて平坦になります。

問 15 ある値を 10 回測定したところ，データ $y_1 = (1, 2, 3, 4, 5, 6, 7, 8, 9, 10)$ を得た。同じ値を別の測定器で 5 回測定したところ，$y_2 = (6, 7, 8, 9, 10)$ を得た。誤差は正規分布をすると仮定して，両者を合わせた測定値と誤差を求めよ。

答

```
ybar1 = mean(y1);   se1 = sqrt(var(y1)/10)
ybar2 = mean(y2);   se2 = sqrt(var(y2)/5)
dt1 = function(mu) dt((mu - ybar1) / se1, 9) / se1
dt2 = function(mu) dt((mu - ybar2) / se2, 4) / se2
p = function(mu) dt1(mu) * dt2(mu)
area = integrate(p, -Inf, Inf)$value
dt12 = function(mu) p(mu) / area
```

密度関数は図 5.9 のようになる。

```
> optimize(dt12, c(4,10), maximum=TRUE)
$maximum
[1] 7.192227
...
```

により，事後分布の最大値（MAP）は $\mu = 7.19$ のところである。事後分布の中央（等裾）95 % 信用区間は

```
> uniroot(function(x) integrate(dt12,-Inf,x)$value - 0.025, c(4,6))
$root
[1] 5.044364
...
> uniroot(function(x) integrate(dt12,-Inf,x)$value - 0.975, c(8,10))
$root
[1] 8.493379
...
```

で $[5.04, 8.49]$ になる。　　　　　　　　　　　　　　　　　　　　　　　　□

　このようないくつかの相容れない測定値群を 1 つにまとめる際には，第 6 章の階層モデルを検討すべきです。

問 16　5 人の被験者のプレテストの成績は $y_1 = (1, 2, 3, 4, 5)$，ポストテストの成績は $y_2 = (2, 2, 4, 4, 5)$ であった。成績の伸びは有意であるか。

答　古典的には，対応のある t 検定で，次のように行う：

```
> y1 = c(1,2,3,4,5)
> y2 = c(2,2,4,4,6)
> t.test(y2, y1, paired=TRUE)

	Paired t-test

data:  y2 and y1
t = 2.4495, df = 4, p-value = 0.07048
```

第 5 章 連続量の推定（正規分布）

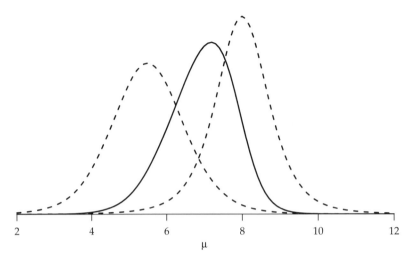

図 5.9　2 つの測定の合成

```
alternative hypothesis: true difference in means is not equal to 0
95 percent confidence interval:
 -0.08008738  1.28008738
sample estimates:
mean of the differences
                    0.6
```

平均の差は 0.6 で，p 値は 0.07 であり，惜しいが有意な違いはない。

　ベイズ統計では，$y = y_2 - y_1 \sim \mathcal{N}(\mu, \sigma^2)$ とすると，σ^2 について積分した μ の（周辺）事後分布は $(\mu - \bar{y})/\sqrt{s^2/n} \sim t(n-1)$ である。μ を乱数で生成し，$\mu < 0$ になる確率を求めると，

```
> y = y2 - y1
> n = length(y)
> mu = rt(1e7, n-1) * sqrt(var(y)/n) + mean(y)
> mean(mu < 0)
[1] 0.0352859
```

で約 0.035 となる。これは実は古典的な片側 p 値（先ほどの p 値の半分）に等しい。95 %信用区間は

```
> quantile(mu, c(0.025,0.975))
       2.5%       97.5%
-0.08008344  1.28020401
```

これも古典的な 95 %信頼区間とまったく同じである（多少の違いはシミュレーションの

誤差である）。 □

5.7 不検出（ND）の扱い

　放射性物質などの検査では，測定値が「検出限界」（任意に定めた値，典型的には誤差の3倍あるいは $\mathrm{qnorm}(0.95) \times 2 \approx 3.29$ 倍）に満たない場合は，測定器の誤差を考慮すれば「0」と区別がつかないと判断し，「ND」（not detected）と表示するのが一般的です。つまり，測定値を y とすれば，「ND」は「$y <$ 検出限界」を意味します。

> 📎補足　NDは「$0 \leq y <$ 検出限界」ではありません。測定している量は0以上であっても，誤差のため測定値が $y < 0$ になることはよくあります。その場合も含めて「ND」と表記します。

　別の例を挙げれば，被ばく放射線量を測定するためのある会社のガラスバッジでは，測定値からバックグラウンド推定値 $0.54\,\mathrm{mSv/y}$（ミリシーベルト/年）を引いた値が報告されます。引き算の結果，マイナスの値になることがありますが，その場合は「0」と報告されます。この場合の「0」も上の「ND」と同様に扱わなければなりません。

> 📎補足　この奇妙な習慣が，被ばく線量のデータ解析を複雑にしています。バックグラウンドを引かない値を報告してくれればいいのですが……。

　以上は，人間の都合で測定値を不等式で表す例でしたが，本質的に不等式で表されるデータもあります。**生存時間解析**（survival analysis）では，ある病気で入院してから亡くなるまでの日数のデータなどを扱いますが，ある病気で入院した人が現在入院100日目でまだ生存しているとか，100日後に転院してその後の消息がわからないといったとき，生存時間が $y > 100$ のような不等式でしかわかりません。

　このような不等式で表されるデータを**打切りデータ**（censored data）といいます。特に $y > 100$ のような場合は右側打切り（right-censored），$y < 100$ のような場合は左側打切り（left-censored）といいます。

> 📎補足　一般には censor という言葉は「検閲」を意味します。

問 17　ある測定器の誤差は $\sigma = 5$ であるという。また，測定値が $3\sigma = 15$ 未満のときは「ND」と表示される。この測定器で，ある検体を2回測ったところ，1回目は20，2回目はNDであった。この真の値の事後分布を求めよ。

第5章 連続量の推定（正規分布）

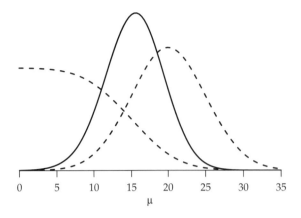

図5.10 誤差 $\sigma = 5$ の測定で1回目20, 2回目ND (< 15) が出たときの、それぞれの尤度（右破線，左破線）と事後分布（実線）

答 尤度を正規分布

$$p(y \mid x) = \frac{1}{\sqrt{2\pi\sigma^2}} \exp\left(-\frac{(y-x)^2}{2\sigma^2}\right) = \text{dnorm}(y, x, \sigma)$$

とすると，NDの尤度は

$$p(y = \text{ND} \mid x) = \int_{-\infty}^{15} \text{dnorm}(y, x, \sigma) dy = \text{pnorm}(15, x, \sigma)$$

したがって，無情報事前分布 $p(x) = $ 一定 を使えば，事後分布は

$$p(x \mid y) = \text{dnorm}(20, x, \sigma) \text{pnorm}(15, x, \sigma)$$

となる（図5.7）。この関数はRで次の `post()` のように定義でき、最頻値は15.6, 平均値は15.4程度である：

```
> post = function(x) dnorm(20, x, 5) * pnorm(15, x, 5)
> area = integrate(post, 0, 35)$value
> optimize(post, c(0,35), maximum=TRUE)
$maximum
[1] 15.61259
...
> integrate(function(x) x * post(x) / area, 0, 35)
15.42042 with absolute error < 4.6e-09
```

□

5.8 多変量正規分布と相関係数

平均 0，分散 1 の正規分布（標準正規分布）$\mathcal{N}(0,1)$ に従う独立な 2 つの確率変数を考えます：

$$x_1 \sim \mathcal{N}(0,1), \quad x_2 \sim \mathcal{N}(0,1)$$

この 2 乗の期待値は 1 ですが，積の期待値は 0 です：

$$E(x_1^2) = E(x_2^2) = 1, \quad E(x_1 x_2) = 0$$

このような数学の書き方が苦手であれば，実際に乱数を 2 セット作って試してみればよいでしょう：

```
> x1 = rnorm(1000)
> x2 = rnorm(1000)
> plot(x1, x2)          # 散布図を描いてみる
> mean(x1^2)            # ほぼ1のはず
[1] 0.9644733
> mean(x2^2)            # ほぼ1のはず
[1] 0.9993695
> mean(x1 * x2)         # ほぼ0のはず
[1] 0.05303644
```

さて，この x_1 と x_2 を混ぜて，別の 2 つの標準正規分布の確率変数を作りましょう：

$$\begin{cases} y_1 = ax_1 + bx_2 \\ y_2 = ax_1 - bx_2 \end{cases} \quad a = \sqrt{\frac{1+r}{2}}, \quad b = \sqrt{\frac{1-r}{2}}$$

この 2 乗の期待値は 1 のままですが，積の期待値は r になります：

$$E(y_1^2) = E(y_2^2) = 1, \quad E(y_1 y_2) = r$$

この y_1, y_2 のような，正規分布の確率変数を 1 次式で混ぜ合わせたいくつかの確率変数の分布を，**多変量正規分布**（multivariate normal distribution）といいます。特にこの場合は 2 変量正規分布（bivariate normal distribution）です。平均 0，分散 1 の確率変数の積の期待値は（ピアソン（Pearson）の）**相関係数**（correlation coefficient）です。上の y_1 と y_2 の相関係数は r です。具体的に $r = 0.5$ で試してみましょう：

```
> r = 0.5
> a = sqrt((1+r)/2)
> b = sqrt((1-r)/2)
> y1 = a*x1 + b*x2
```

121

第 5 章　連続量の推定（正規分布）

```
> y2 = a*x1 - b*x2
> plot(y1, y2)          # 散布図を描いてみる
> mean(y1 * y2)         # ほぼ0.5になるはず
[1] 0.4735126
```

　一般の 2 つのベクトル x, y の相関係数 r は，平均 0，分散 1 に直してから積の平均を求めます：

$$r = \frac{1}{n-1}\sum_{i=1}^{n}\left(\frac{x_i - \bar{x}}{\sigma_x}\right)\left(\frac{y_i - \bar{y}}{\sigma_y}\right) = \frac{\sum(x_1 - \bar{x})(y_i - \bar{y})}{\sqrt{\sum(x_1 - \bar{x})^2\sum(y_1 - \bar{y})^2}}$$

ここで $\bar{x}, \bar{y}$ はそれぞれ x, y の平均，σ_x, σ_y はそれぞれ x, y の標準偏差です。標準偏差は分母が $n-1$ の定義式を使うので，上の式の $n-1$ と消し合います。この相関係数は R の関数 cor() で求められます（次問参照）。

　相関係数 r の分布は難しいので，通常はフィッシャー（Fisher）の z 変換

$$r = \tanh z = \frac{e^z - e^{-z}}{e^z + e^{-z}}, \qquad z = \tanh^{-1} r = \text{arctanh}\, r = \frac{1}{2}\log\frac{1+r}{1-r}$$

で変換した z がほぼ分散 $1/(n-3)$ の正規分布になることを使います。ここで tanh, arctanh は R ではそれぞれ tanh(), atanh() で計算できる関数です。

問 18　$x = (1, 2, 3, 4, 5, 6)$ と $y = (1, 3, 2, 4, 3, 5)$ を 2 変量正規分布のサンプルと仮定し，相関係数の事後分布の中央 95 % 信用区間を求めよ。

答　次のようにして求められる：

```
> x = c(1, 2, 3, 4, 5, 6)
> y = c(1, 3, 2, 4, 3, 5)
> r = cor(x, y)
> r
[1] 0.8315218
> n = length(x)
> tanh(qnorm(c(0.025,0.975), atanh(r), 1/sqrt(n-3)))
[1] 0.06138518 0.98104417
```

$r = 0.83$，95 % 信用区間は $[0.06, 0.98]$ である。　　　　　　　　　　　　□

> 📝補足　古典的な統計学では cor.test(x, y) で信頼区間が求められ，上の答えと同じになります。

　ρ を真の相関係数，r をデータから求めた相関係数とすると，2 変量正規分布から求めた厳密な尤度は

$$p(r \mid \rho) \propto (1 - \rho^2)^{(n-1)/2}(1 - r^2)^{(n-4)/2}\int_0^\infty \frac{dw}{(\cosh w - \rho r)^{n-1}}$$

5.8 多変量正規分布と相関係数

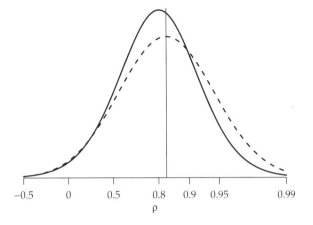

図 5.11 問 18 の相関係数の厳密な事後分布（実線）とその近似（破線）。データ点が多く，相関があまり ±1 に近くなければ，両者はほぼ一致する。

$$\propto (1-\rho^2)^{(n-1)/2} (1-r^2)^{(n-4)/2} (1-\rho r)^{3/2-n} {}_2F_1(\tfrac{1}{2},\tfrac{1}{2}; n-\tfrac{1}{2}; \tfrac{1}{2}(1+\rho r))$$

です。この最後の ${}_2F_1$ は**ガウスの超幾何関数**で，R ではたとえば gsl（GNU Scientific Library）パッケージの hyperg_2F1() で求められます。これを使えば，ρ, r, n を与えて尤度を求める関数は次のようになります：

```
library(gsl)
f = function(rho, r, n) {
  (1-rho^2)^((n-1)/2) * (1-r^2)^((n-4)/2) *
  (1-rho*r)^(3/2-n) * hyperg_2F1(0.5,0.5,n-0.5,(1+rho*r)/2)
}
```

自然な目盛としては $z = \tanh^{-1} \rho$ を使います（図 5.8）。$dz = d\rho/(1-\rho^2)$ ですので，ρ についてのジェフリーズの事前分布は $p(\rho) \propto 1/(1-\rho^2)$ です。

第 6 章
階層モデル

6.1 階層のある問題

3 台の測定器を使って，ある量を測定しました。第 1 の測定器の誤差（標準偏差）は $\sigma_1 = 1$ で，測定値は $y_1 = 11$ でした。第 2 の測定器の誤差は $\sigma_2 = 1$ で，測定値は $y_2 = 13$ でした。第 3 の測定器の誤差は $\sigma_3 = 2$ で，測定値は $y_3 = 16$ でした。

どの測定器も正しく校正（較正，calibration）されていれば，誤差は真の値 μ からのランダムなゆらぎ，つまり**統計誤差**（statistical error）だけです。この場合，測定値は真の値 μ のまわりの正規分布

$$y_i \sim \mathcal{N}(\mu, \sigma_i^2)$$

に従うと仮定するのが一般的です。正規分布である必要はないのですが，誤差の詳しい形がわからなければ，正規分布が最も簡単です。正規分布なら，第 5 章の結果を使えば，μ の事後分布はやはり正規分布

$$\mu \sim \mathcal{N}\left(\frac{\sum(y_i/\sigma_i^2)}{\sum(1/\sigma_i^2)}, \frac{1}{\sum(1/\sigma_i^2)}\right) = \mathcal{N}(12.44, 0.44) = \mathcal{N}(12.44, 0.67^2)$$

で与えられます。

しかし，現実には，測定器に固有の**系統誤差**（systematic error）があります。たとえば第 3 の測定器はつねに少し大きめの値を出す傾向があるかもしれません。

系統誤差があれば，第 i の測定器で測ることを何回も繰り返せば，その平均値は測定器ごとに異なる値 θ_i に近づいていきます。この θ_i が μ のまわりにどのような分布で散らばっているかはわかりませんが，ここでは，やはり μ のまわりの正規分布に従うと仮定し，その分散を τ^2 とします：

$$\theta_i \sim \mathcal{N}(\mu, \tau^2)$$

第6章　階層モデル

実際の測定値 y_i は θ_i にさらに分散 σ_i^2 の統計誤差が加わったものです：

$$y_i \sim \mathcal{N}(\theta_i, \sigma_i^2)$$

このように複数の誤差の階層がある問題をここでは扱います。

系統誤差（分散 τ^2）と統計誤差（分散 σ_i^2）は独立であり，独立な誤差の分散は足し算できることと，正規分布どうしを合成するとやはり正規分布になることとを使えば，測定値の分布は最終的に

$$y_i \sim \mathcal{N}(\mu, \tau^2 + \sigma_i^2)$$

と書くことができます。

✎補足　このことは次のようにして導くこともできます。まず，$\theta_i \sim \mathcal{N}(\mu, \tau^2)$ は

$$p(\theta_i \mid \mu, \tau^2) = \frac{1}{\sqrt{2\pi\tau^2}} \exp\left(-\frac{(\theta_i - \mu)^2}{2\tau^2}\right)$$

$y_i \sim \mathcal{N}(\theta_i, \sigma_i^2)$ は

$$p(y_i \mid \theta_i) = \frac{1}{\sqrt{2\pi\sigma_i^2}} \exp\left(-\frac{(y_i - \theta_i)^2}{2\sigma_i^2}\right)$$

と書けます（ここでは σ_i^2 は与えられた定数ですので，$p(y_i \mid \theta_i, \sigma_i)$ とは書かず $p(y_i \mid \theta_i)$ と書きました）。したがって，

$$\begin{aligned} p(y_i, \theta_i \mid \mu, \tau^2) &= p(\theta_i \mid \mu, \tau^2) p(y_i \mid \theta_i) \\ &= \frac{1}{\sqrt{2\pi\tau^2}} \exp\left(-\frac{(\theta_i - \mu)^2}{2\tau^2}\right) \frac{1}{\sqrt{2\pi\sigma_i^2}} \exp\left(-\frac{(y_i - \theta_i)^2}{2\sigma_i^2}\right) \\ &= \frac{1}{\sqrt{2\pi\tau^2}} \frac{1}{\sqrt{2\pi\sigma_i^2}} \exp\left(-\left(\frac{(\theta_i - \mu)^2}{2\tau^2} + \frac{(y_i - \theta_i)^2}{2\sigma_i^2}\right)\right) \end{aligned}$$

これは 103 ページの式 (5.2) の平方完成で $y_1 \to \mu$，$y_2 \to y_i$，$\mu \to \theta_i$，$\sigma_1 \to \tau$，$\sigma_2 \to \sigma_i$ と置き換えたものにほかなりません。この置き換えをして

$$\hat{\theta}_i = \frac{\mu/\tau^2 + y_i/\sigma_i^2}{1/\tau^2 + 1/\sigma_i^2}, \quad v_i^2 = \frac{1}{1/\tau^2 + 1/\sigma_i^2} \tag{6.1}$$

と置けば，

$$p(y_i, \theta_i \mid \mu, \tau^2) = \frac{1}{\sqrt{2\pi v_i^2}} \exp\left(-\frac{(\theta_i - \hat{\theta}_i)^2}{2v_i^2}\right) \frac{1}{\sqrt{2\pi(\tau^2 + \sigma_i^2)}} \exp\left(-\frac{(y_i - \mu)^2}{2(\tau^2 + \sigma_i^2)}\right)$$

となり，$\theta_i \sim \mathcal{N}(\hat{\theta}_i, v_i^2)$ および $y_i \sim \mathcal{N}(\mu, \tau^2 + \sigma_i^2)$ が導かれます。

> **補足** 上で計算した $p(\theta_i \mid \mu, \tau^2) p(y_i \mid \theta_i)$ は，仮に μ，τ^2 を固定して $p(\theta_i) p(y_i \mid \theta_i)$ のように考えれば，θ_i の「事前分布」$p(\theta_i)$ と，データ y_i が与えられたときの θ_i の尤度 $p(y_i \mid \theta_i)$ とを掛けた形のように見えます。これにベイズの定理を適用すれば，
>
> $$p(\theta_i \mid y_i) \propto p(\theta_i) p(y_i \mid \theta_i)$$
>
> これは θ_i の事後分布を与える式であると解釈できます。ここでもし μ，τ^2 をデータから推測することができれば，「事前分布」$\theta_i \sim \mathcal{N}(\mu, \tau^2)$ をデータから導いたことになります。一般に，たくさんの測定値があるとき，測定値の分布自身から逆に事前分布を決める**経験ベイズ** (empirical Bayes) という考え方があります。こうして得られる（無情報でない）「事前分布」により，個々の測定値の「真の値」θ_i は，全体の中心 μ に引き寄せられます（後述の「収縮」）。この考え方を発展させたものが本章の階層モデルです。

さて，$y_i \sim \mathcal{N}(\mu, \tau^2 + \sigma_i^2)$ において各 y_i は独立ですので，それらの同時分布は単に掛け算すれば得られます：

$$p(y_1, y_2, y_3 \mid \mu, \tau^2) = \prod_{i=1}^{3} \frac{1}{\sqrt{2\pi(\tau^2 + \sigma_i^2)}} \exp\left(-\frac{(y_i - \mu)^2}{2(\tau^2 + \sigma_i^2)} \right)$$

これは，データ y_1, y_2, y_3 を固定したときの μ，τ^2 の尤度でもあります。これをそのまま (μ, τ^2) 平面でプロットしてもいいのですが，ここでは定数を除いた尤度の対数（対数尤度）

$$\ell = -\frac{1}{2} \sum \left(\frac{(y_i - \mu)^2}{\tau^2 + \sigma_i^2} + \log(\tau^2 + \sigma_i^2) \right) \tag{6.2}$$

を $11 \leq \mu \leq 15$，$0 \leq \tau^2 \leq 10$ の範囲で等高線プロットしてみましょう：

```
ydata = c(11, 13, 16)              # 測定値
s2data = c(1, 1, 4)                # 測定値の誤差分散
f = function(m,t2,y,s2) { -((y-m)^2/(t2+s2) + log(t2+s2))/2 }
loglik = function(m,t2) { sum(f(m, t2, ydata, s2data)) }  # 対数尤度
x1 = seq(11, 15, length.out=101)   # 横軸は11〜15
x2 = seq(0, 10, length.out=101)    # 縦軸は0〜10
contour(x1, x2, outer(x1, x2, Vectorize(loglik)), nlevels=100)
```

ここで nlevels は等高線の段階分けに関する値であり，問題ごとに調整する必要があります。結果は図 6.1 左のようになります。古典的な統計学ではよくこのような対数尤度をプロットし，その最大値から 0.5 下がったところまでを 1 標準偏差に相当する誤差範囲とします。

この最大における μ，τ^2 の値および最大値（の符号を変えたもの）は，たとえば非線形最小化（non-linear minimization）関数 nlm() を使って，

```
> nlm(function(par) -loglik(par[1],par[2]), c(12.5,1))
```

第 6 章 階層モデル

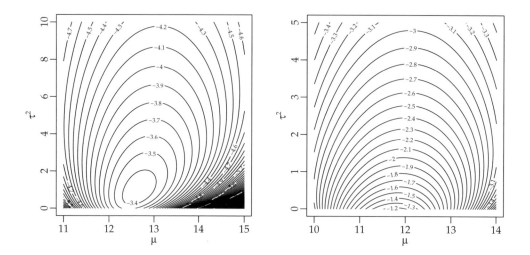

図 6.1 階層モデル $\theta_i \sim \mathcal{N}(\mu, \tau^2)$, $y_i \sim \mathcal{N}(\theta_i, \sigma_i^2)$, $\sigma^2 = (1, 1, 4)$ の対数尤度の (μ, τ^2) 平面での等高線。データは $y = (11, 13, 16)$ (左), $y = (11, 12, 14)$ (右) とした。

```
$minimum
[1] 3.330307

$estimate
[1] 12.6488577   0.8959622

$gradient
[1] -1.843224e-08   0.000000e+00

$code
[1] 1

$iterations
[1] 7
```

のように求められます。ここで c(12.5,1) は適当に与えた初期値です。

この尤度をもう少し詳しく見てみましょう。まず $y_i \sim \mathcal{N}(\mu, \tau^2 + \sigma_i^2)$ で τ^2 を固定すれば、これは真値 μ についての測定値 y_i が分散 $\tau^2 + \sigma_i^2$ の正規分布をすることにほかなりませんので、y_i を止めたときの μ の尤度は

$$\mu \sim \mathcal{N}(\hat{\mu}, V), \qquad \hat{\mu} = \sum \frac{y_i}{\tau^2 + \sigma_i^2} \Big/ \sum \frac{1}{\tau^2 + \sigma_i^2}, \quad V = 1 \Big/ \sum \frac{1}{\tau^2 + \sigma_i^2} \qquad (6.3)$$

となります。つまり、τ^2 を固定したとき尤度が最大になるのは $\mu = \hat{\mu}$ のときです。ま

た，逆に μ を固定すれば，対数尤度を τ^2 で微分して 0 と置いた方程式

$$\frac{\partial \ell}{\partial \tau^2} = \frac{1}{2} \sum \left(\frac{(y_i - \mu)^2}{(\tau^2 + \sigma_i^2)^2} - \frac{1}{\tau^2 + \sigma_i^2} \right) = 0$$

を解くことにより，尤度を最大にする τ^2 が求まります。この 2 つを繰り返せば，尤度が最大の点に収束します：

```
m = 12.5;  t2 = 1  # 適当な初期値
for (j in 1:10) {
    m = sum(ydata/(s2data+t2)) / sum(1/(s2data+t2))
    f = function(t2,y,s2) { u = t2 + s2; ((y - m)^2 - u) / u^2 }
    g = function(t2) { sum(f(t2,ydata,s2data)) }
    t2 = uniroot(g, c(0,10))$root
    cat(m, t2, "\n")
}
```

これで $\mu = 12.64887$，$\tau^2 = 0.8959717$ が求められます。

> 📝**補足** 必ずしも $\tau^2 > 0$ で最大になるわけではありません。たとえば上の問題で $(y_1, y_2, y_3) = (11, 12, 14)$ とすると，図 6.1 右のようになります。この場合は系統誤差なし（$\tau^2 = 0$）が解です。

τ^2 を固定すれば，μ の誤差分散は $V = 1/\sum(1/(\tau^2 + \sigma_i^2))$ すなわち

```
> 1 / sum(1 / (t2 + s2data))
[1] 0.794207
```

です。μ の標準誤差はこの平方根で，約 0.89 です。つまり，τ^2 を固定したとき，μ の推定値 ± 標準誤差は 12.65 ± 0.89 となり，系統誤差を考慮しない場合の 12.44 ± 0.67 とかなり異なります。ただ，これはまだ最尤推定の結果を誤差の式にプラグインした（差し込んだ）だけで，完全なベイズ推定（後述）ではありません。

$\mu = 12.65$，$\tau^2 = 0.896$ と固定した場合，$\theta_i \sim \mathcal{N}(\hat{\theta}_i, v_i^2)$ で，$\hat{\theta}_i$ および v_i^2 は式 (6.1) で与えられます。たとえば $\hat{\theta}_3 \approx 13.26$ であり，$y_3 = 16$ よりかなり μ に近い値になります。このように，階層モデルで扱うと，個々の測定値の真の値 θ_i の推定値は，測定値そのもの y_i より，全体の中心 μ に近づきます。また，分散 v_i^2 も，元の分散 σ^2 より小さくなります。この現象を**収縮**（shrinkage）といいます。

> 📝**補足** 経験ベイズの言葉でいえば，データ自身から導かれる事前分布によって，自発的に収縮が起こったと考えられます。

> 📝**補足** 収縮は，19 世紀イギリスの遺伝学者ゴルトン（Sir Francis Galton, 1822–1911 年）が発見した**平均への回帰**（regression to the mean）という現象の一種と考えることができます。

第6章 階層モデル

上述の計算は，古典的な統計学では，後述のメタアナリシスでよく用いられます。具体的には，たとえば metafor パッケージの rma() で計算できます：

```
> install.packages("metafor")
> library(metafor)
> ydata = c(11, 13, 16)
> s2data = c(1, 1, 4)
> rma(yi=ydata, vi=s2data, method="ML")

Random-Effects Model (k = 3; tau^2 estimator: ML)

tau^2 (estimated amount of total heterogeneity): 0.8960 (SE = 1.8287)
tau (square root of estimated tau^2 value):      0.9466
I^2 (total heterogeneity / total variability):   37.40%
H^2 (total variability / sampling variability):  1.60

Test for Heterogeneity:
Q(df = 2) = 5.5556, p-val = 0.0622

Model Results:

estimate      se    zval    pval   ci.lb   ci.ub
 12.6489  0.8912 14.1933  <.0001 10.9022 14.3956      ***

---
Signif. codes:  0 '***' 0.001 '**' 0.01 '*' 0.05 '.' 0.1 ' ' 1
```

結果として $\mu = 12.6489 \pm 0.8912$，$\tau^2 = 0.8960 \pm 1.8287$ が出力されています。ここでは method="ML" で最尤法を使いましが，ほかにもいろいろなオプションが用意されています。詳しくは rma のヘルプや DerSimonian and Kacker [16] を参照してください。

6.2 完全にベイズな方法

前節では (μ, τ^2) 平面で最も尤もらしい点（最尤推定値）を求め，それをそのまま使っていろいろな値を計算しました。これを完全にベイズな方法にするためには，事前分布が必要になります。

正規分布の章と同様に，平均値 μ の事前分布は一様分布としましょう。系統誤差 τ^2 の事前分布はちょっとややこしくなります。まず $\tau^2 \gg \sigma_i^2$（τ^2 がどの σ_i^2 よりも十分に大きい）ならば，通常の正規分布モデル $y_i \sim \mathcal{N}(\mu, \tau^2)$ に帰着するので，そのときは $\log \tau^2$ について一様な事前分布 $p(\tau^2) \propto 1/\tau^2$ でよさそうです。一方，$\tau^2 = 0$（系統誤差がない，統計誤差だけ）の場合は，$\log \tau^2$ の目盛では無限の彼方 $-\infty$ に遠のいてしまいます。

130

6.2 完全にベイズな方法

これらを考慮した目盛が好ましいことになります。

そこで，対数尤度の式 (6.2) で μ と σ_i^2 を固定して，ジェフリーズの事前分布の式 (3.2) に代入してみましょう。$E((y_i - \mu)^2) = \tau^2 + \sigma_i^2$ を使えば，

$$(p(\tau^2))^2 \propto -E\left(\frac{d^2\ell}{d(\tau^2)^2}\right) \propto \sum \frac{1}{(\tau^2 + \sigma_i^2)^2}$$

となります。この形の $p(\tau^2)$ は，ちょうど上で述べたような好ましい性質を持っています。微分の形で書けば，

$$\sqrt{\sum \frac{1}{(\tau^2 + \sigma_i^2)^2}}\, d\tau^2 = \sqrt{\sum \frac{1}{(\tau^2 + \sigma_i^2)^2} \cdot 2\tau d\tau}$$

となります。これを使えば，データ y_1, y_2, y_3 が与えられたときの μ の（周辺）事後分布は，次の積分で求められます。ここで $\sum$ や $\prod$ はすべての i（といってもここでは $i = 1, 2, 3$）についての和・積です：

$$
\begin{aligned}
p(\mu \mid y_1, y_2, y_3) &\propto \int_0^\infty p(y_1, y_2, y_3 \mid \mu, \tau^2) \sqrt{\sum \frac{1}{(\tau^2 + \sigma_i^2)^2}}\, d\tau^2 \\
&= \int_0^\infty \left(\prod \frac{1}{\sqrt{\tau^2 + \sigma_i^2}} \exp\left(-\frac{(y_i - \mu)^2}{2(\tau^2 + \sigma_i^2)}\right)\right) \sqrt{\sum \frac{1}{(\tau^2 + \sigma_i^2)^2}}\, d\tau^2 \\
&= \int_0^\infty \left(\prod \frac{1}{\sqrt{\tau^2 + \sigma_i^2}}\right) \exp\left(-\frac{1}{2}\sum \frac{(y_i - \mu)^2}{\tau^2 + \sigma_i^2}\right) \sqrt{\sum \frac{1}{(\tau^2 + \sigma_i^2)^2}}\, d\tau^2
\end{aligned}
$$

これを R で書くと次のようになります：

```
f = function(t2,m) {
    sqrt(sum(1/(t2+s2data)^2)) *
    prod((1/sqrt(t2+s2data))) *
    exp(-sum((ydata-m)^2/(t2+s2data))/2)
}
g = function(m) integrate(Vectorize(f), 0, Inf, m)$value
plot(Vectorize(g), xlim=c(5,20))
```

グラフは図 6.2 のようになります。最大は $\mu = 12.69$ あたりです：

```
> optimize(g, range(ydata), maximum=TRUE)
$maximum
[1] 12.6939
```

τ^2 の（周辺）事後分布を求めるためには，まず尤度を μ で積分すると，

第6章 階層モデル

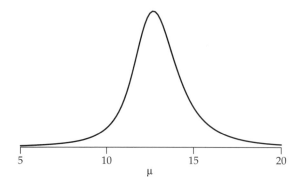

図 6.2　階層モデル $\theta_i \sim \mathcal{N}(\mu, \tau^2)$, $y_i \sim \mathcal{N}(\theta_i, \sigma_i^2)$, $\sigma^2 = (1, 1, 4)$, $y = (11, 13, 16)$ での μ の（周辺）事後分布

$$\int_{-\infty}^{\infty} p(y_1, y_2, y_3 \mid \mu, \tau^2) d\mu$$
$$= \left(\prod \frac{1}{\sqrt{2\pi(\tau^2 + \sigma_i^2)}}\right) \sqrt{2\pi \Big/ \sum \frac{1}{\tau^2 + \sigma_i^2}} \exp\left(-\frac{1}{2} \sum \frac{(y_i - \hat{\mu})^2}{\tau^2 + \sigma_i^2}\right) \quad (6.4)$$

となります（下の 📝補足 参照）。

📝**補足**　上の式変形の詳細を示しておきます：

$$\int_{-\infty}^{\infty} p(y_1, y_2, y_3 \mid \mu, \tau^2) d\mu = \int_{-\infty}^{\infty} \prod \frac{1}{\sqrt{2\pi(\tau^2 + \sigma_i^2)}} \exp\left(-\frac{(y_i - \mu)^2}{2(\tau^2 + \sigma_i^2)}\right) d\mu$$

$$= \left(\prod \frac{1}{\sqrt{2\pi(\tau^2 + \sigma_i^2)}}\right) \int_{-\infty}^{\infty} \exp\left(-\frac{1}{2} \sum \frac{(\mu - y_i)^2}{\tau^2 + \sigma_i^2}\right) d\mu$$

$$= \left(\prod \frac{1}{\sqrt{2\pi(\tau^2 + \sigma_i^2)}}\right) \int_{-\infty}^{\infty} \exp\left(-\frac{1}{2} \sum \frac{((\mu - \hat{\mu}) + (\hat{\mu} - y_i))^2}{\tau^2 + \sigma_i^2}\right) d\mu$$

$$= \left(\prod \frac{1}{\sqrt{2\pi(\tau^2 + \sigma_i^2)}}\right) \int_{-\infty}^{\infty} \exp\left(-\frac{1}{2} \Big(\sum \frac{(\mu - \hat{\mu})^2}{\tau^2 + \sigma_i^2} + \underbrace{\sum \frac{(\mu - \hat{\mu})(\hat{\mu} - y_i)}{\tau^2 + \sigma_i^2}}_{= 0}\right.$$
$$\left. + \sum \frac{(\hat{\mu} - y_i)^2}{\tau^2 + \sigma_i^2} \Big) \right) d\mu$$

$$= \left(\prod \frac{1}{\sqrt{2\pi(\tau^2 + \sigma_i^2)}}\right) \int_{-\infty}^{\infty} \exp\left(-\frac{1}{2} \Big(\sum \frac{(\mu - \hat{\mu})^2}{\tau^2 + \sigma_i^2} \Big)\right) d\mu \cdot \exp\left(-\frac{1}{2} \sum \frac{(\hat{\mu} - y_i)^2}{\tau^2 + \sigma_i^2}\right)$$

この最後の積分を実行すれば式 (6.4) になります。なお、「= 0」としたところは

$$\sum \frac{\hat{\mu} - y_i}{\tau^2 + \sigma_i^2} = \sum \frac{\hat{\mu}}{\tau^2 + \sigma_i^2} - \sum \frac{y_i}{\tau^2 + \sigma_i^2}$$

6.3 完全なベイズモデルによるシミュレーション

に式 (6.3) の $\hat{\mu}$ の定義を代入すれば明らかでしょう。

この尤度 (6.4) を R で書くと次のようになります：

```
t2lik = function(t2) {
  t2s2 = t2 + s2data
  mhat = sum(ydata/t2s2) / sum(1/t2s2)
  prod(1/sqrt(2*pi*t2s2)) * sqrt(2*pi/sum(1/t2s2)) *
    exp(-sum((ydata-mhat)^2/t2s2)/2)
}
```

これに事前分布 $p(\tau^2)$ を掛ければ，最終的な τ^2 の（周辺）事後分布が得られます：

$$p(\tau^2 \mid y_1, y_2, y_3) \propto p(\tau^2) p(y_1, y_2, y_3 \mid \tau^2)$$

しかし，事前分布を掛ける代わりに，横軸を

$$z = \int_0^{\tau^2} \sqrt{\sum \frac{1}{(\tau^2 + \sigma_i^2)^2}} \, d\tau^2 \tag{6.5}$$

で与えられる z 目盛にするほうが自然なグラフになります（図 6.3）：

```
vt2lik = Vectorize(t2lik)
f = function(t2) sqrt(sum(1/(t2+s2data)^2))
zt2 = function(t2) integrate(Vectorize(f), 0, t2)$value
t2seq = c(0, sapply(seq(0.1,10,0.1),
          function(z) uniroot(function(t2) zt2(t2) - z, c(0,500))$root))
plot(seq(0,10,0.1), vt2lik(t2seq), type="l", ylim=c(0,0.0061), xaxt="n")
t = c(0,10,20,50,100,200,500)
axis(1, sapply(t,zt2), t)
```

最大値をとるのは $\tau^2 = 3.07$ あたりです：

```
> optimize(t2lik, c(0,var(ydata)), maximum=TRUE)
$maximum
[1] 3.06694
```

6.3　完全なベイズモデルによるシミュレーション

数式の変形はだいぶ辛くなってきたので，ここらへんでシミュレーションに移ります。

MCMC によるシミュレーションは第 7 章で扱うことにして，ここではより単純な方法で行います。ただ，プログラムはむしろ MCMC のほうが単純です。また，第 6.5 節で，このような計算を簡単に行うためのパッケージを紹介しますので，この節については，考

第6章　階層モデル

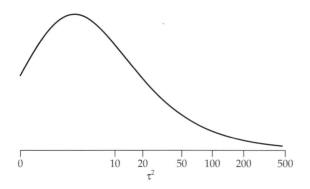

図 6.3　階層モデル $\theta_i \sim \mathcal{N}(\mu, \tau^2)$, $y_i \sim \mathcal{N}(\theta_i, \sigma_i^2)$, $\sigma^2 = (1,1,4)$, $y = (11,13,16)$ での τ^2 の（周辺）事後分布

え方をざっくりつかんでいただくだけでかまいません。

方針としては，τ^2 をその（周辺）事後分布に従って生成し，式 (6.3) によってランダムに μ を作り，式 (6.1) で求めた分布

$$\theta_i \sim \mathcal{N}\left(\frac{\mu/\tau^2 + y_i/\sigma_i^2}{1/\tau^2 + 1/\sigma_i^2}, \frac{1}{1/\tau^2 + 1/\sigma_i^2}\right)$$

によって θ_i を生成します。

ただ，τ^2 の分布は非常に裾が長いので，より自然な分布に近い変数に変換します。といっても，式 (6.5) の z では扱いが面倒ですので，ここでは誤差分散の調和平均（逆数の平均の逆数）$\bar{\sigma}^2$ を使って，

$$u = \log(\tau^2 + \bar{\sigma}^2), \qquad \bar{\sigma}^2 = 1 \bigg/ \left(\frac{1}{n}\sum_{i=1}^{n}\frac{1}{\sigma_i^2}\right) \tag{6.6}$$

で定義される u を「ほぼ自然な目盛」として使うことにします。$d\tau^2 = (\tau^2 + \bar{\sigma}^2)\,du$ ですから，u の事後分布は τ^2 の事後分布にさらに $\tau^2 + \bar{\sigma}^2$ を掛けなければなりません：

```
s2bar = 1 / mean(1/s2data)  # 誤差分散の調和平均
upost = function(u) {        # uの（周辺）事後分布
  t2 = exp(u) - s2bar
  t2s2 = t2 + s2data
  mhat = sum(ydata/t2s2) / sum(1/t2s2)
  sqrt(sum(1/t2s2^2)) *
  prod(1/sqrt(2*pi*t2s2)) * sqrt(2*pi/sum(1/t2s2)) *
  exp(-sum((ydata-mhat)^2/t2s2)/2) * (t2 + s2bar)
}
```

この事後分布の密度関数の下の面積を（たとえば）1000 等分するメッシュを作ります：

6.3 完全なベイズモデルによるシミュレーション

```r
u0 = log(s2bar)
u1 = log(var(ydata) + s2bar)
h = integrate(Vectorize(upost), u0, 2*u1-u0)$value / 1000
umesh = numeric()
u = u1
i = 1
repeat {
  up = upost(u)
  usav = u
  u = u + h/up
  if (u > 700) break
  umesh[i] = (usav + u) / 2
  i = i + 1
}
u = u1
repeat {
  up = upost(u)
  usav = u
  u = u - h/up
  if (u < u0) break
  umesh[i] = (usav + u) / 2
  i = i + 1
}
theta = function(i) {
  u = sample(umesh, 1)
  t2 = exp(u) - s2bar
  v = 1 / sum(1 / (t2 + s2data))
  mhat = sum(ydata / (t2 + s2data)) * v
  m = rnorm(1, mhat, sqrt(v))
  d = 1/t2+1/s2data[i]
  rnorm(1, (m/t2+ydata[i]/s2data[i])/d, sqrt(1/d))
}
```

これでたとえば θ_3 の分布を求めるには

```r
> theta3 = replicate(1000000, theta(3))
> hist(theta3, breaks=100, col="gray", freq=FALSE)
> mean(theta3)
[1] 14.59479
> sd(theta3)
[1] 1.890495
> quantile(theta3, c(0.025,0.5,0.975))
    2.5%      50%     97.5%
11.35747 14.44458 18.59985
```

のようにします。これでわかるように，$y_3 = 16$ が $\theta_3 = 14.6$ に縮み，標準誤差も $\sigma_3 = 2$ が 1.89 に縮みました。θ_3 の中央 95 ％ 信用区間は $[11.4, 18.6]$ です。収縮がなければ 95 ％ 信用区間は $y_3 \pm 1.96\sigma_3$ すなわち $[12.1, 19.9]$ でした。

第6章 階層モデル

6.4 メタアナリシス

ある薬の効果や，ある環境要因の害を調べる研究を考えましょう。一つ一つの研究は小規模で，統計誤差が大きく，中には逆の傾向を示すものもあります。しかし，同様な研究が世界中でいくつも行われているならば，それらを合わせて，より強固な結論を生み出すことができます。このような，既存の研究結果を使って行う研究を，**メタアナリシス**（meta-analysis）といいます。

メタアナリシスでは，おのおのの研究結果のまとめとして共通に使える指標を導入します。このような指標を一般に**効果量**（effect size，ES）と呼びます。一つ一つの研究について，効果量とその不確かさ（誤差）を計算し，それらを合成します。効果量としては，誤差の分布ができるだけ正規分布に近く，しかも直感的にわかりやすい指標が望まれます。

具体的に，結核に対する BCG ワクチンの有効性のメタアナリシスを考えましょう（拙著 [1] 第7章参照）。個々の研究について，次のような 2 × 2 の分割表が与えられています：

	結核 +	結核 −
BCG 接種群	*tpos*	*tneg*
対照群	*cpos*	*cneg*

一般には，オッズ比（odds ratio，OR）の対数

$$\log \mathrm{OR} = \log((tpos/tneg)/(cpos/cneg))$$

を効果量とすることがよく行われています。

データとしては，R の metafor パッケージに収録されている dat.bcg を使います。これは 13 個の研究について，上のような分割表の結果をまとめたものです：

```
> library(metafor)
> dat.bcg
   trial              author year tpos  tneg cpos  cneg ablat      alloc
1      1            Aronson 1948    4   119   11   128    44     random
2      2   Ferguson & Simes 1949    6   300   29   274    55     random
3      3   Rosenthal et al 1960    3   228   11   209    42     random
...
13    13   Comstock et al 1976   27 16886   29 17825    33 systematic
```

効果量の計算は metafor パッケージの escalc() で行います。対数オッズ比を使うには measure="OR" を与えて呼び出します：

6.4 メタアナリシス

```
> es = escalc(measure="OR", ai=tpos, bi=tneg, ci=cpos, di=cneg, data=dat.bcg)
> es[c("yi","vi")]
        yi      vi
1  -0.9387 0.3571
2  -1.6662 0.2081
3  -1.3863 0.4334
...
```

yi が効果量（ここでは対数オッズ比），vi がその分散です。実際には次のような単純計算をしています：

```
> log((4/119)/(11/128))
[1] -0.9386941
> 1/4 + 1/119 + 1/11 + 1/128
[1] 0.357125
```

分割表に 0 のセルがあった場合の escalc() の挙動は，デフォルトでは 0 のセルを含む分割表だけ（to="only0"）全セルに 0.5 を加えます（add=1/2）。

まず，系統誤差がなく，どの研究も同じものを見ていると仮定して，結果を合成しましょう。この考え方を**固定効果モデル**（fixed-effect model）といいます。これは，効果量 es$yi を分散 es$vi の逆数で重み付けして合成したものです：

```
> sum(es$yi / es$vi) / sum(1 / es$vi)
[1] -0.4361391
```

合成された効果量の分散は，分散の逆数の和の逆数ですから，

```
> 1 / sum(1 / es$vi)
[1] 0.001786369
```

つまり効果量 -0.436，その標準誤差 $\sqrt{0.00149} = 0.0423$ となります。

同じことは metafor パッケージの rma() でできます。固定効果モデルの場合はオプション method="FE" を与えます：

```
> rma(yi, vi, data=es, method="FE")
...
estimate      se    zval     pval    ci.lb    ci.ub
 -0.4361   0.0423 -10.3190   <.0001  -0.5190  -0.3533      ***
```

個々のデータとまとめを一覧するには，**フォレストプロット**（forest plot）を描くと便利です：

```
forest(rma(yi, vi, data=es, method="FE"))
```

図 6.4 はこれに少々飾りをつけたものです（ソースはサポートページの fig/forestFE.R

第6章　階層モデル

Author(s) and Year	Vaccinated		Control		Odds Ratio [95% CI]
	TB+	TB−	TB+	TB−	
Aronson, 1948	4	119	11	128	0.39 [0.12, 1.26]
Ferguson & Simes, 1949	6	300	29	274	0.19 [0.08, 0.46]
Rosenthal et al, 1960	3	228	11	209	0.25 [0.07, 0.91]
Hart & Sutherland, 1977	62	13536	248	12619	0.23 [0.18, 0.31]
Frimodt–Moller et al, 1973	33	5036	47	5761	0.80 [0.51, 1.26]
Stein & Aronson, 1953	180	1361	372	1079	0.38 [0.32, 0.47]
Vandiviere et al, 1973	8	2537	10	619	0.20 [0.08, 0.50]
TPT Madras, 1980	505	87886	499	87892	1.01 [0.89, 1.15]
Coetzee & Berjak, 1968	29	7470	45	7232	0.62 [0.39, 1.00]
Rosenthal et al, 1961	17	1699	65	1600	0.25 [0.14, 0.42]
Comstock et al, 1974	186	50448	141	27197	0.71 [0.57, 0.89]
Comstock & Webster, 1969	5	2493	3	2338	1.56 [0.37, 6.55]
Comstock et al, 1976	27	16886	29	17825	0.98 [0.58, 1.66]
FE Model					0.65 [0.60, 0.70]

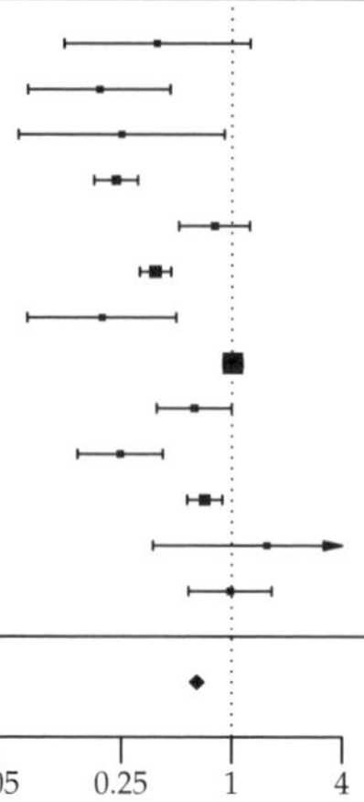

図 6.4　固定効果モデルのフォレストプロット。効果量としては対数オッズ比を使った。

をご覧ください）。

　この図を見ると，研究ごとのばらつきがけっこう大きいことが気になります。測定の文脈ではこのばらつきを系統誤差と呼びましたが，メタアナリシスでは**異質性**（heterogeneity）と呼びます。この場合のモデルを**ランダム効果モデル**（random-effects model）といいます。固定効果モデルと違って，こちらは効果が複数あるので，"effects"と複数形になることに注意してください。

　ランダム効果モデルにも対数オッズ比を使うのが一般的ですが，ここでは第 3.13 節（71 ページ）で述べたような，割合の平方根のアークサイン $\arcsin \sqrt{x}$ の差を使ってみましょう。

　効果量として $\arcsin \sqrt{x}$ の差を求めるには，escalc() に measure="AS" を与えます：

```
> es = escalc(measure="AS", ai=tpos, bi=tneg, ci=cpos, di=cneg, data=dat.bcg)
> es[c("yi","vi")]
        yi      vi
1  -0.1038 0.0038
2  -0.1740 0.0016
3  -0.1113 0.0022
...
```

この yi や vi は，実際には次のような計算で求めています：

```
> asin(sqrt(4/(119+4))) - asin(sqrt(11/(128+11)))
```

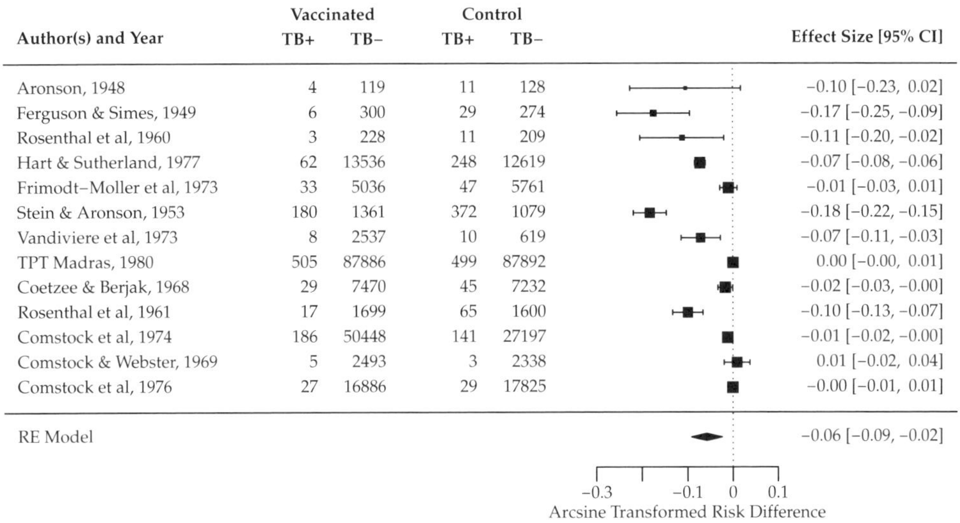

6.4 メタアナリシス

Author(s) and Year	Vaccinated		Control			Effect Size [95% CI]
	TB+	TB−	TB+	TB−		
Aronson, 1948	4	119	11	128		−0.10 [−0.23, 0.02]
Ferguson & Simes, 1949	6	300	29	274		−0.17 [−0.25, −0.09]
Rosenthal et al, 1960	3	228	11	209		−0.11 [−0.20, −0.02]
Hart & Sutherland, 1977	62	13536	248	12619		−0.07 [−0.08, −0.06]
Frimodt–Moller et al, 1973	33	5036	47	5761		−0.01 [−0.03, 0.01]
Stein & Aronson, 1953	180	1361	372	1079		−0.18 [−0.22, −0.15]
Vandiviere et al, 1973	8	2537	10	619		−0.07 [−0.11, −0.03]
TPT Madras, 1980	505	87886	499	87892		0.00 [−0.00, 0.01]
Coetzee & Berjak, 1968	29	7470	45	7232		−0.02 [−0.03, −0.00]
Rosenthal et al, 1961	17	1699	65	1600		−0.10 [−0.13, −0.07]
Comstock et al, 1974	186	50448	141	27197		−0.01 [−0.02, −0.00]
Comstock & Webster, 1969	5	2493	3	2338		0.01 [−0.02, 0.04]
Comstock et al, 1976	27	16886	29	17825		−0.00 [−0.01, 0.01]
RE Model						−0.06 [−0.09, −0.02]

Arcsine Transformed Risk Difference

図6.5 ランダム効果モデルのフォレストプロット。効果量としては $\arcsin\sqrt{x}$ の差を使った。

```
[1] -0.1038356
> 1/(4*(119+4)) + 1/(4*(128+11))
[1] 0.003831081
```

ランダム効果モデルの計算法はいろいろありますが，ここでは本章の最初で述べた最尤法を使います。それには metafor パッケージの rma() にオプション method="ML" を与えます：

```
> rma(yi, vi, data=es, method="ML")
...
estimate      se    zval     pval    ci.lb    ci.ub
 -0.0575  0.0174  -3.3059  0.0009  -0.0916  -0.0234      ***
```

フォレストプロットは次のようにして描きます：

```
forest(rma(yi, vi, data=es, method="ML"))
```

図6.5 はこれに少々飾りをつけたものです（ソースはサポートページの fig/forestML.R を参照してください）。

第 6 章　階層モデル

6.5　bayesmeta パッケージ

ベイズ統計によるランダム効果モデルの考え方はとてもわかりやすいのですが，計算は面倒です。これを，簡単に使えるようにパッケージ化したのが，Christian Röver による bayesmeta パッケージ [17] です。これは MCMC のようなシミュレーションではなく，できるだけ解析的に解いて，あとは数値計算で補うというものです。

まずはこの章の最初の問題で試してみましょう。関数 bayesmeta() の第 1 引数には測定値，第 2 引数にはその誤差（標準偏差）を与えます。τ^2 の事前分布はジェフリーズ，μ の事前分布は一様分布（デフォルト）とします：

```
> install.packages("bayesmeta")
> library(bayesmeta)
> r = bayesmeta(c(11,13,16), c(1,1,2), tau.prior="Jeffreys")
```

数秒待つと r に結果が入ります。中を見てみましょう：

```
> r
 'bayesmeta' object.

3 estimates:
1, 2, 3

tau prior (improper):
Jeffreys prior

mu prior (improper):
uniform(min=-Inf, max=Inf)

ML and MAP estimates:
                   tau        mu
ML joint      0.9470004  12.64934
ML marginal   1.7512716  12.69390
MAP joint     1.0070604  12.66894
MAP marginal  1.3905519  12.69329

marginal posterior summary:
                   tau         mu
mode         1.39055194  12.693292
median       2.35487034  12.855986
mean         3.67647047  12.980341
sd                   NA   3.947427
95% lower    0.02912476   7.485701
95% upper   10.14895476  18.955488

(quoted intervals are shortest credible intervals.)
```

140

6.5 bayesmeta パッケージ

ここで mu は全体としての真の値（効果量）μ, tau は系統誤差（異質性）τ です。ML（maximum likelihood）が最尤推定，MAP（maximum *a posteriori*）が事後分布の最大，joint（同時）が 2 次元の (μ, τ) 平面で考えた値，marginal（周辺）が片方の次元について積分した 1 次元の値です。たとえば事後分布最大で考えたければ，上の表の mu の MAP marginal，あるいは同じことですが下の表の mu の mode のところを見て，$\mu = 12.69$ がわかります。その最短 95 ％ 信用区間は $[7.49, 18, 96]$ です。最短信用区間でなく中央（等裾）信用区間を求めたければ，bayesmeta() 関数に interval.type="central" のオプションを与えます。なお，たとえば τ の最頻値を 2 乗しても τ^2 の最頻値にはなりません。τ についての値を 2 乗して τ^2 についての値になるのは，中央値と中央（等裾）信用区間です。

階層モデルで μ に向かって収縮した個々の値 θ_i の最頻値，中央値，平均，標準偏差，95 ％ 信用区間は次のようになります：

```
> r$theta
                      1           2          3
y          11.0000000 13.0000000 16.000000
sigma       1.0000000  1.0000000  2.000000
mode       11.4712359 12.9058835 13.962664
median     11.4313117 12.9298433 14.439061
mean       11.4133994 12.9395931 14.588030
sd          0.9927761  0.9349359  1.888808
95% lower   9.4594936 11.1165736 11.181006
95% upper  13.3319573 14.7865567 18.370448
```

この最初の 2 行は y_i と σ_i ですが，その下はすべて θ_i についての推定値です。最後の 2 行はデフォルトでは最短信用区間ですが，さきほどと同様に bayesmeta() 関数にオプション interval.type="central" を与えれば中央（等裾）信用区間になります。

次に，前節の BCG データの対数オッズ比を調べてみましょう。bayesmeta() は測定値と誤差を別々に与えなくても，その両方の情報を含んだ escalc() の出力をそのまま第 1 引数に与えることができます。上と同様に，τ^2 の事前分布はジェフリーズ，μ の事前分布は一様分布とします：

```
> library(metafor)
> es = escalc(measure="OR", ai=tpos, bi=tneg, ci=cpos, di=cneg, data=dat.bcg)
> r = bayesmeta(es, tau.prior="Jeffreys")
```

最初の例と同様に，r とだけ打ち込んだり r$theta と打ち込んだりして結果を見ることができますが，データが 13 個もあるので，図のほうがわかりやすいでしょう。

まず forestplot(r) と打ち込めば，図 6.6 のようなフォレストプロットが出力できます。通常のフォレストプロットと違って，エラーバーが 2 つずつ出力されますが，上のも

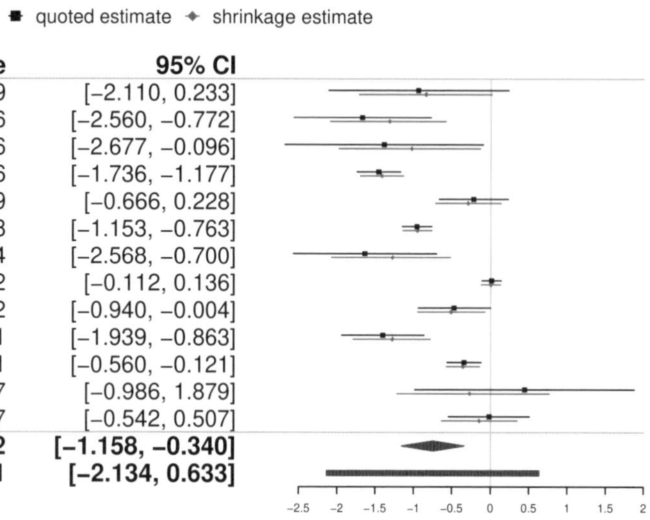

● quoted estimate　　✦ shrinkage estimate

study	estimate	95% CI
1	−0.939	[−2.110, 0.233]
2	−1.666	[−2.560, −0.772]
3	−1.386	[−2.677, −0.096]
4	−1.456	[−1.736, −1.177]
5	−0.219	[−0.666, 0.228]
6	−0.958	[−1.153, −0.763]
7	−1.634	[−2.568, −0.700]
8	0.012	[−0.112, 0.136]
9	−0.472	[−0.940, −0.004]
10	−1.401	[−1.939, −0.863]
11	−0.341	[−0.560, −0.121]
12	0.447	[−0.986, 1.879]
13	−0.017	[−0.542, 0.507]
mean	**−0.742**	**[−1.158, −0.340]**
prediction	**−0.741**	**[−2.134, 0.633]**

図 6.6　bayesmeta パッケージによるメタアナリシスのフォレストプロット

の（quoted estimate）は通常の 95％ 信用区間，下のもの（shrinkage estimate）は θ_i の 95％ 信用区間です（デフォルトでは最短信用区間）。

また，単に plot(r) と打ち込めば，図 6.7 のような 4 枚の図が描かれます。plot(r) に先立って par(mfrow = c(2,2)) と打ち込んでおけば，4 枚を 2 × 2 に配置した 1 枚の図にできます。

最後に，もう一つ別の例を挙げます。8 地域で，ある病気になった人（次の y）と，ならなかった人（次の n）の数がわかっています：

```
a = data.frame(y=c(14,12,11,23,8,14,6,1),
         n=c(41967,50761,17958,54928,16904,47505,25870,18326))
```

これらの地域で，病気になる人の割合は異なるといえるでしょうか。

8 番目の地域のオッズ 1/18326 を基準にすれば，たとえば 3 番目の地域のオッズ 11/17958 のオッズ比は $(11/17958)/(1/18326) = 11.2$ です。これは古典的な統計で考えれば非常に有意です。これ以外にも，8 番目の地域を基準にすれば，1・4・5 番目の地域のオッズ比も有意です。したがって，この病気には地域差があることが示されます——というのはダメな解析です。その理由は，8 地域あれば ${}_8C_2 = 28$ 通りのオッズ比が計算でき，偶然に有意なオッズ比が生じても不思議でないからです（多重比較）。実際，全体をたとえばカイ 2 乗検定すれば $p = 0.06$ で，かろうじて有意ではありません：

6.5 bayesmetaパッケージ

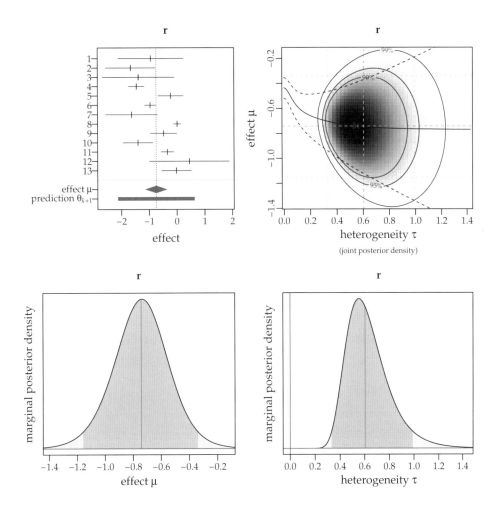

図 6.7　bayesmeta パッケージによるメタアナリシスの 4 通りのプロット

```
> chisq.test(a)

        Pearson's Chi-squared test

data:  a
X-squared = 13.393, df = 7, p-value = 0.06309
```

それにしても，地域差があるといえるかいえないかを $p = 0.05$ のような人為的な区切りで分けるのは，古典的な仮説検定の気持ち悪いところです。

同じデータを bayesmeta で扱ってみましょう。ここではまず arcsin $\sqrt{x}$ 変換をして正規分布に近づけた値 es$yi と，その分散 es$vi とからなる es を求めます：

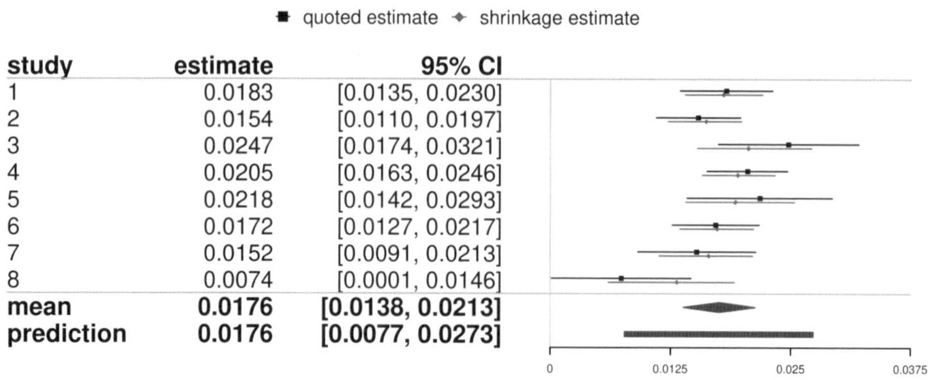

第6章 階層モデル

	■ quoted estimate	◆ shrinkage estimate
study	estimate	95% CI
1	0.0183	[0.0135, 0.0230]
2	0.0154	[0.0110, 0.0197]
3	0.0247	[0.0174, 0.0321]
4	0.0205	[0.0163, 0.0246]
5	0.0218	[0.0142, 0.0293]
6	0.0172	[0.0127, 0.0217]
7	0.0152	[0.0091, 0.0213]
8	0.0074	[0.0001, 0.0146]
mean	**0.0176**	**[0.0138, 0.0213]**
prediction	**0.0176**	**[0.0077, 0.0273]**

図 6.8　8 地域の有病率の比較。ちょっと見にくいが収縮推定量の 95 ％ 信用区間はどれも平均 0.0176 を含んでいる。

```
es = escalc("PAS", xi=a$y, mi=a$n)
```

arcsin $\sqrt{x}$ 変換でなくロジット（対数オッズ）変換を使うなら，`"PAS"` を `"PLO"` としま
す。これを `bayesmeta` で解析し，フォレストプロットを描きます（図 6.8）：

```
> r = bayesmeta(es, tau.prior="Jeffreys")
> forestplot(r)
```

効果量 arcsin $\sqrt{x}$ の平均 0.0176 は $x = \sin^2 0.0176 \approx 0.0003$ に対応します。図 6.8 を
見れば，収縮推定量 θ_i の 95 ％ 信用区間はどれも平均を含んでいます。

　このことから「有意な地域差はない」と結論づけるところまでは，本書では行いません。
ただ，ベイズ階層モデルで収縮させれば，発生率が非常に低かった 8 番目の地域も，高
かった 3 番目の地域も，平均値にかなり近づくことがわかります。これらの地域はもとも
と人数が少なかったので，統計誤差が大きく，偶然に平均から離れた値が出やすいので，
控えめな値に修正するほうが間違う可能性が小さいというわけです。ゲルマンの *"Where
are the cancers?"* の話（32 ページ）も思い出してください。

第 7 章
MCMC

7.1 MCMC 創世記

話は 20 世紀中ごろに遡ります。コンピュータが物理学の研究に使われ始めたころの話です[*1]。

ここで必要になる物理学の知識はたった 1 つ，「温度（絶対温度）T が一定であれば，状態がエネルギー E を持つ確率は $e^{-E/kT}$ に比例する」[*2] ということだけです。絶対温度（熱力学温度）とは，$-273.15\,°\text{C}$ を原点とする温度目盛で，ケルビン（Kelvin, K）という単位で表します。$-273.15\,°\text{C}$ が 0 $\overset{\text{ケルビン}}{\text{K}}$ で，$0\,°\text{C}$ が $273.15\,\text{K}$ です。式 $e^{-E/kT}$ に現れる定数 k の値はこれからの議論には関係しませんが，念のため説明しますと，ボルツマン定数（Boltzmann constant）と呼ばれ，k_B とも書きます。エネルギーをジュール（J）という単位で測れば，$k \approx 1.38 \times 10^{-23}\,\text{J/K}$ という値をとります。

この確率分布 $e^{-E/kT}$ は，エネルギー E についての指数分布ですが，物理学では**ギブズ分布**（Gibbs distribution）または**ボルツマン分布**（Boltzmann distribution）または**カノニカル分布**（正準分布，canonical distribution）と呼びます。ギブズ（Josiah Willard Gibbs, 1839–1903 年）やボルツマン（Ludwig Eduard Boltzmann, 1844–1906 年）は物理学者の名前です。カノニカルだけは人名ではなく，$\overset{\text{カノン}}{\text{規範}}$に則ったという意味の英語です[*3]。

確率分布 $e^{-E/kT}$ は，温度 T が一定であればエネルギー E が低い状態ほど実現しやすいことを表します。

[*1] この節は，歴史の話です。興味のない場合は，第 7.2 節にお進みください。

[*2] 念のため，$e^{-E/kT}$ は $e^{-E/(kT)}$ という意味です（$e = 2.718\cdots$ は自然対数の底）。掛け算記号を省略した掛け算は割り算より結合力が強いというルールがあるわけではないのですが，このあたりは慣習でそう解釈します。

[*3] コンピュータ関係では URL 正規化のための canonical 属性というものがあります。Canonical は Ubuntu（Linux のディストリビューションの 1 つ）を開発している会社の名前でもあります。

第 7 章　MCMC

✎補足　このような内容は物理では**統計力学**で扱います。詳しく勉強するには田崎 [3] をお薦めします。

✎補足　本題とは関係ありませんが，物理学では，暗算または封筒の裏に書ける程度の簡単な計算（back-of-the-envelope calculations）で，おおよその値を推定することがよくあります。後でも名前の出てくるフェルミ（Enrico Fermi, 1901–1954 年）が得意だったということで，**フェルミ推定**とも呼ばれます。日本では地頭力とも呼ばれ，理系の考える力を調べるために入社試験などで使われるという話があります。ここでは確率分布 $e^{-E/kT}$ を使って，空気中の分子の速度をフェルミ推定してみましょう。エネルギー E の期待値は $\int_0^\infty E e^{-E/kT} dT / \int_0^\infty e^{-E/kT} dT = kT$ です。われわれをとりまく環境はだいたい $T \approx 300\,\mathrm{K}$ くらいの温度ですから，$kT \approx 1.38 \times 10^{-23}\,\mathrm{J/K} \times 300\,\mathrm{K} \approx 4 \times 10^{-21}\,\mathrm{J}$ 程度です。空気の主成分である窒素（原子量14）の分子 N_2 の質量は $m \approx 14 \times 2\,\mathrm{g}/(6 \times 10^{23}) \approx 5 \times 10^{-26}\,\mathrm{kg}$ です（6×10^{23} はアボガドロ定数）。これが速度 v で飛んでいるとすると運動エネルギーは $\frac{1}{2}mv^2 \approx 4 \times 10^{-21}\,\mathrm{J}$ したがって平均 $v \approx 400\,\mathrm{m/s}$ くらいの速さで飛んでいることがわかります。

　さて，この分布 $e^{-E/kt}$ を使って，磁石（強磁性体）の原理を理解するための**イジング模型**またはイジングモデル（Ising model）と呼ばれる簡単なモデルを考えましょう。ただし，イジング（Ernst Ising, 1900–1998 年）が扱ったのは 1 次元の場合で，以下で考えるのは 2 次元のものです。

　2 次元の格子（碁盤の目）上に原子が存在します。原子（の中にある電子）はスピン（自転運動）を持っており，小さな電磁石の働きをします。スピンは下向き（$s = -1$）か上向き（$s = 1$）のどちらかです[*4]。強磁性体の場合，隣り合うスピンが結合するエネルギーは，スピンが同じ向きなら負の値，逆向きなら正の値をとります。ギブズ分布を考えれば，エネルギーが低いほうが確率が大きいので，スピンはなるべく同じ向きをとろうとします。ただ，どんな温度 T でもスピンが同じ向きに揃うわけではありません。ある温度 T_c を境にして，低温側では同じ向きに揃い，高温側では揃わない，相転移という現象が生じます。この様子をシミュレーションするのがここでの目的です。

　より具体的に，ここでは 30×30 のオセロゲームのような盤面を考えます（図7.1）。各マスには白（$s = -1$）か黒（$s = 1$）のコマが存在します。エネルギーは，隣接するコマの間に存在し，両方が同じ色なら $E = -1$，違う色なら $E = 1$ とします。つまり，隣接するコマの状態をそれぞれ s_1, s_2 とすると，エネルギーは $E = -s_1 s_2$ です。このような結合が，隣接する 4 つのコマとの間にありますが，このままでは盤面の端の扱いが面倒になります。そこで，最上端（第 1 行）の上は最下端（第 30 行），最下端（第 30 行）の下は最上端（第 1 行），最左端（第 1 列）の左は最右端（第 30 列），最右端（第 30 列）の右

[*4] 自転運動が上向き・下向きというと奇妙に聞こえますが，ネジを回して進む向きで自転の向きを定義します。上と下だけあって横向きのスピンはないのかという疑問もあると思いますが，量子力学的には電子のスピンは（任意の方向を基準とした）上と下しかなく，横は上と下の重ね合わせで表されます。

7.1 MCMC 創世記

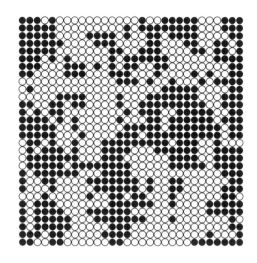

図7.1 2次元イジング模型の1局面。2次元の格子上の原子は，下向き（○，$s=-1$）または上向き（●，$s=1$）のどちらかである。

は最左端（第1列）というように，上下左右をつないで考えます（周期的境界条件）。

しかし，変数が $30 \times 30 = 900$ 個もあるので，解くのはたいへんです。そこで，変数を1つずつ選んで，他の899個の変数は固定して考えることにします。この条件のもとに，今考えている変数が $s = \pm 1$ になる確率をそれぞれギブズ分布で求めて，それに従ってその変数だけを更新します。これならとても簡単にプログラムできます。このような考え方（アルゴリズム）あるいはプログラムを**ギブズサンプリング**（Gibbs sampling）あるいは**ギブズサンプラー**（Gibbs sampler）と呼びます。これは比較的新しい言葉で，ギブズが考えたわけではありません。

> 📝補足 ベイズ統計で昔からよく使われる **BUGS** とその仲間（**WinBUGS** など），および **JAGS** というソフトがありますが，BUGS は Bayesian inference Using Gibbs Sampling の略，JAGS は Just Another Gibbs Sampler の略です。

注目しているコマの状態を s，それに隣接する4つのコマの状態を s_1, s_2, s_3, s_4 とします。s に依存するエネルギーは $E = -s(s_1 + s_2 + s_3 + s_4)$ ですので，$s = \pm 1$ に対応する確率は $p_\pm = \exp(\pm(s_1 + s_2 + s_3 + s_4)/kT)$ に比例します。したがって，$p_+/(p_+ + p_-)$ の確率で $s = 1$ に更新し，$p_-/(p_+ + p_-)$ の確率で $s = -1$ に更新すればよいことになります。

実際には，もうちょっと更新が頻繁に起こるように工夫した**メトロポリスのアルゴリズム**（Metropolis algorithm）という方法を使うのが一般的です。メトロポリス（Nicholas

Metropolis，1915–1999 年）は物理学者の名前です。

2 つの状態 A, B が，それぞれ確率 p_A, p_B で存在するとします。A が B に確率 $p_{A \to B}$ で遷移し，B が A に確率 $p_{B \to A}$ で遷移するとき，遷移後も A, B が同じ確率 p_A, p_B で存在するためには，確率的な釣り合い

$$p_A \times p_{A \to B} = p_B \times p_{B \to A} \tag{7.1}$$

が成り立たなければなりません。この条件は**詳細釣り合い**（detailed balance）と呼ばれます。ベイズの定理を導くときに使う $p(A)p(B \mid A) = p(B)p(A \mid B)$ とちょっと似ていますが，別の話です。

詳細釣り合いは

$$\frac{p_A}{p_B} = \frac{p_{B \to A}}{p_{A \to B}} \tag{7.2}$$

とも書けます。これを満たすためには

$$p_{A \to B} = p_B, \quad p_{B \to A} = p_A$$

としてもよいのですが，式 (7.2) 右辺の分子・分母の両方を，比を一定に保ちながら，どちらかが 1 になるまで大きくしてもかまいません。つまり，現在の状態を A，候補の状態を B として

$$p_A < p_B \text{ ならば } p_{A \to B} = 1, \text{ そうでなければ } p_{A \to B} = p_B / p_A$$

としてもかまいません。こちらのほうが遷移の確率が大きくなるので，平衡状態に速く到達する可能性があります。この考え方を使うのがメトロポリスのアルゴリズムです。このアルゴリズムの利点は，p_A, p_B という個々の確率が不要で，比 p_B / p_A だけしか使わないことにあります。ベイズ統計の事後確率を計算する際に，確率分布の比例定数が不要なことは大きな利点です。

さて，イジング模型の場合には

$$\frac{p_A}{p_B} = \frac{\exp(-E_A/kT)}{\exp(-E_B/kT)} = \exp(-(E_A - E_B)/kT) = \exp(-\Delta E/kT)$$

ですから，エネルギー変化 $\Delta E = E_A - E_B$ で遷移確率が計算できます。具体的には，ランダムに 1 つのコマを選び，そのコマを裏返した（s を $-s$ にした）場合のエネルギー変化を計算します：

$$\Delta E = -((-s) - s)(s_1 + s_2 + s_3 + s_4) = 2s(s_1 + s_2 + s_3 + s_4)$$

そして，もし $\Delta E < 0$ つまり裏返すことによりエネルギーが減れば必ず裏返し，そうでなければコマを確率 $\exp(-\Delta E/kT)$ で裏返します。これを延々と続けます。

7.1 MCMC 創世記

　結局，2 次元イジング模型のシミュレーションのプログラムは次のようになります。計算より画面表示に時間がかかるので，1 万回に 1 回だけ，図 7.1 のような図を表示していますが，もっと頻繁に表示したい場合は，10000 という数を変えてください。

```
inc = function(x) { x %% 30 + 1 }         # 周期的境界条件を考慮した x+1
dec = function(x) { (x + 28) %% 30 + 1 } # 周期的境界条件を考慮した x-1
s = matrix(sample(c(-1,1), 900, replace=TRUE), nrow=30, ncol=30)
kT = 3  # 温度。これを 2.269 以下にするとスピンがほぼどちらかに揃う
ssum = 0
N = 1e6
for (g in 1:N) {
  i = sample(1:30, 1)
  j = sample(1:30, 1)
  dE = 2 * s[i,j] * (s[i,dec(j)]+s[i,inc(j)]+s[dec(i),j]+s[inc(i),j])
  if (dE < 0) {
    s[i,j] = -s[i,j]
  } else {
    p = exp(-dE/kT)
    s[i,j] = s[i,j] * sample(c(-1,1), 1, prob=c(p,1-p))
  }
  ssum = ssum + s[i,j]
  if (g %% 10000 == 0) {
    plot((0:899)%/%30, (0:899)%%30, cex=2, pch=s*7.5+8.5,
         axes=FALSE, xlab="", ylab="", asp=1, main=g, sub=ssum/g)
  }
}
```

　更新箇所のスピンの状態 s[i,j] の和を ssum に求めています。これを更新回数 N で割った値の絶対値が，スピンの揃い具合（磁化率）を表します。この値を，温度 kT をいろいろ変えて調べると，図 7.2 のようになり，kT ≈ 2.3 あたりで相転移が起こることがわかります。

　このような乱数を使ったシミュレーションは一般に**モンテカルロ法**（Monte Carlo method）と呼ばれます。モンテカルロはカジノ賭博で有名な地名です。前述のフェルミのほか，ウラム（Stanisław Ulam, 1909–1984 年），フォン・ノイマン（John von Neumann, 1903–1957 年）といった錚々たる物理学者・数学者たちがモンテカルロ法の発展に寄与しました。ここで使う方法は特に Markov chain Monte Carlo（MCMC, マルコフ連鎖モンテカルロ法）と呼ばれるものの一種です[*5]。マルコフ連鎖（Markov chain）は確率的に遷移 (推移) する状態の連鎖を指します。マルコフ（Андрей Андреевич Марков, 1856–1922 年）は数学者の名前です。ちなみにウラムのファーストネーム（通称 Stan）は，MCMC ソフト **Stan** の名前の起源とされています。

[*5] ある種の人たちは MCMC を「モテて困るモテて困る」と呼ぶようです。

第 7 章 MCMC

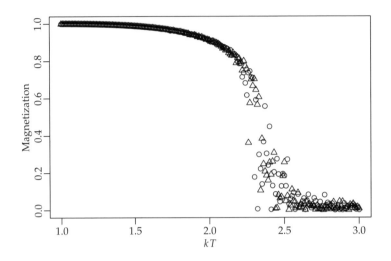

図 7.2 図 7.1 のような 2 次元イジング模型で，ランダムな状態から始めて $kT = 3$ から 1 まで 0.01 刻みで減らしながらそれぞれ 100 万回繰り返し，スピンの揃い具合 $|\bar{s}| = \text{abs}(s/N)$ を ○ でプロット。逆にスピンが揃った状態から始めて $kT = 1$ から 3 まで増やしながら △ でプロット。$kT \approx 2.3$ あたりで相転移することがわかる。

補足 2 次元イジング模型の厳密解は 1944 年にオンサーガー（Lars Onsager，1903–1976 年）によって求められています。相転移温度は $kT_c = 2/\log(1+\sqrt{2}) \approx 2.269$ です。シミュレーションの結果（図 7.2）はこれと一致します。ここでは 30×30 と小さい盤面を使っていますが，もっと大きい盤面で時間をかけて計算すれば，もっと急峻な相転移が見られます。

補足 メトロポリスのアルゴリズムは，コマの状態 A, B について対称です。つまり，A も B も分け隔てせず扱います。結果的に，状態 A のコマは確率 p_A で，状態 B のコマは確率 p_B で訪れ，詳細釣り合い (7.1) が成り立ちます。これを A, B について非対称な場合に一般化したものを，メトロポリス・ヘイスティングスのアルゴリズムといいます。ヘイスティングス（Wilfred Keith Hastings，1930–2016 年）は統計学者の名前です。

補足 上のイジング模型では，温度 T が高いと○と●が半々に混じったランダムな状態ですが，温度を徐々に下げていくと，全部○か全部●の状態に落ち着きます。温度を徐々に下げていく操作を**焼きなまし（アニーリング）**といい，それを数値的にシミュレーションすることを simulated annealing といいます。この方法を応用すれば，巡回セールスマン問題のような最適化問題を近似的に解くことができます。これを量子コンピュータ（の一種である量子アニーリングマシン）で行えば，最適化問題が高速に解ける，ということが話題になっています。

7.2 1次元の簡単な MCMC

MCMC はモンテカルロ法（乱数を使った数値計算法）の一種です。MCMC を使えば，複雑な確率分布の乱数を簡単に生成することができます。しかも，完全な（積分して1になる）密度関数がわからなくても，密度関数に比例する任意の関数があれば大丈夫です。ベイズ統計では，事後分布は事前分布と尤度の積に比例するのですが，比例定数の計算は非常に困難なことがよくあります。そのようなときでも，MCMC なら，使うことができます。

この節では，非常に簡単な具体例として，密度関数が $1/(1+x^2)$ に比例する分布の乱数を生成するという問題を考えます。実はこれは第5章でもちょっと現れたコーシー分布ですが，そのようなことは知らず，密度関数の比例定数もわからないとします。これだけの知識で，MCMC を使って，この分布の乱数を作ってみましょう。

乱数の初期値は何でもかまいません。次の乱数候補の選び方も，メトロポリスのアルゴリズムを使うなら，A → B を試みる確率と B → A を試みる確率が等しければ，どんな方法でもかまいません。つまり，1次元の場合は，密度関数が左右対称な乱数を加えることで，次の乱数候補を作り出せばいいことになります。ここでは平均0の正規分布の乱数を加えたものを次の乱数候補とします。

具体的には，次のようなアルゴリズムになります：

1. x に適当な初期値を与えます（ここでは $x = 0$ とします）。その確率密度に比例する値を求めます。この例では $p = 1/(1+x^2)$ です。

2. 次の乱数候補を $y = x + \mathrm{rnorm}(1,0,1)$ で求めます。$\mathrm{rnorm}(1,0,1)$ は平均0，標準偏差1の正規分布の乱数を1つ生成する関数です。なお，$y = x + \mathrm{rnorm}(1,0,1)$ は $y = \mathrm{rnorm}(1,x,1)$ と同じことです。その確率に比例する値を $q = 1/(1+y^2)$ で求めます。

3. もし乱数候補 y の確率の方が大きい（$q > p$）ならば，y を次の乱数として採用します。そうでなければ，確率 q/p で y を次の乱数として採用します。これがメトロポリスのアルゴリズムの肝にあたるステップです。なお，このステップは「範囲 $[0,1]$ の一様乱数 $\mathrm{runif}(1)$ を生成し，それが q/p より小さければ y を次の乱数とする」と言い換えることができます。「y を次の乱数として採用する」の意味は，y を x に代入し，q を p に代入するということです。y を採用しなかった場合は，何もしません（x や p の値は変わりません）。

4. 現在の x の値を使って必要な計算をします。ここでは単に配列に保存します。

5. ステップ2に戻ります。

第7章 MCMC

以上を R で書けば次のようになります：

```
N = 100000              # 繰返し回数
a = numeric(N)          # 値を保存するための長さNの配列
x = 0                   # 初期値
p = 1 / (1 + x^2)       # 確率
accept = 0              # 採択を数えるカウンタ
for (i in 1:N) {
  y = rnorm(1, x, 1)    # 候補（選び方は対称なら何でもよい）
  q = 1 / (1 + y^2)     # 確率
  if (runif(1) < q/p) { # 更新
    x = y
    p = q
    accept = accept + 1
  }
  a[i] = x
}
```

x の値は，前回の値を基準として，増えたり減ったりします。このような「乱歩（ふらふら歩き）」のことを**ランダムウォーク**（random walk）と呼びます（図7.3左）。ランダムウォークしながら，その場所を採択したり棄却したりすることを繰り返すというわけです。このような方法で作った個々の乱数は，互いに独立ではありません（隣同士の値には相関があります）が，全体としての分布は正しくなります。独立な乱数の列にするには，さらにランダムに並べ換えなければなりませんが，ベイズ統計の通常の用途では，そこまでする必要はありません。

📝補足　図7.3左を描くには，N を小さめにして，ループの前で b = rep(NA, N) とし，if ブロックの直後に else b[i] = y を入れ，最後に次のようにしてプロットします：

```
plot(0:N, c(0,a), pch=16, type="o", ylim=range(c(a,b),na.rm=TRUE))
points(1:N, b, pch=1)
segments(0:(N-1), a, 1:N, b)
```

ヒストグラムを描き，正しいコーシー分布の密度関数 dcauchy(x) を重ね書きして，正しい分布が得られたことを確認しましょう（図7.3右）。

```
> hist(a, freq=FALSE, breaks=seq(-100,100,0.1), xlim=c(-5,5), col="gray")
> curve(dcauchy(x), add=TRUE)
```

また，候補がどれくらいの割合で採択されたかという**採択率**（acceptance rate）のチェックも重要です：

```
> accept / N
[1] 0.77033
```

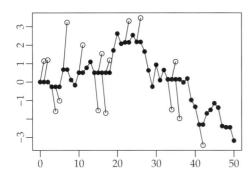
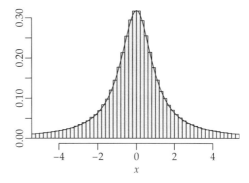

図 7.3　コーシー分布の乱数の MCMC による生成。(左) ランダムウォークの様子。白丸は採択されなかった更新。(右) 生成された乱数の度数分布 ($N = 10^6$) と、コーシー分布の密度関数。

採択率が小さすぎるならば、次の候補に跳ぶ距離が大きすぎて、棄却ばかりが続き、逆に採択率が大きすぎる（1 に近すぎる）ならば、次の候補が現在の候補と近すぎて、遠くまで行くのに時間がかかりすぎ、いずれにしても収束が遅くなります。ゲルマン（Andrew Gelman）たち [5] によれば、1 次元で 0.44 程度、高次元になるほど小さい値（6 次元以上で 0.23 程度）が適当とのことです。

　ここでは省略しましたが、初期値の選び方によって結果に影響が出ることを避けるために、最初のいくつかの値を捨てることがあります。このことを**バーンイン**（burn-in）または**ウォームアップ**（warm-up）と呼びます[*6]。ここでは初期値 $x = 0$ は分布の中での典型的な値ですので、特にバーンインは設けていません。

7.3　正規分布の平均と分散のベイズ推定

　何らかの正規分布 $\mathcal{N}(\mu, \sigma^2)$ に従うデータ $y = (y_1, y_2, \ldots, y_n)$ が与えられたとします。ただ、平均 μ も分散 σ^2 もわかりません。事前分布が $x_1 = \mu$、$x_2 = \log \sigma^2$ について一様と仮定すれば、事後分布は 108 ページの式 (5.6) に比例します。この確率分布に従う乱数を生成する問題を考えましょう。

　しかし、この式 (5.6) のように指数関数で表された確率をそのまま使うと、n が大きくなると指数関数が**下位桁あふれ**（underflow）する可能性があります。

[*6] ゲルマンたち [5, p.282] は、旧版では burn-in と呼んでいましたが第 3 版では warm-up を用いています。まだ大勢は burn-in です。

第 7 章　MCMC

　下位桁あふれの実験として，R で次のような計算をしてみましょう（右側コメントが正解）：

```
> exp(-743)        # 2.085451e-323
[1] 1.976263e-323
> exp(-744)        # 7.671945e-324
[1] 9.881313e-324
> exp(-745)        # 2.822351e-324
[1] 4.940656e-324
> exp(-746)        # 1.038285e-324
[1] 0
```

このように，突然 $e^{-746} = 0$ で下位桁あふれが生じるのではなく，次第に精度が悪くなっていきます。一方で，**上位桁あふれ**（overflow）の近くでは精度が落ちません：

```
> exp(709)         # 8.218407e+307
[1] 8.218407e+307
> exp(710)         # 2.233995e+308
[1] Inf
```

この Inf は infinity（無限大）を意味します。

> 📝補足　このような演算のふるまいは，R とは無関係な，CPU レベルの話です。今どきの CPU の浮動小数点演算は IEEE 754 という標準に従っていますし，しかも今は Windows も Mac も Intel の CPU を使っています。特殊なことをしない限り，演算については OS や言語によりません。ちなみに Intel の CPU には三角関数を計算する機能も入っているのですが，現在では使われておらず，ソフトウェアで行っています。

> 📝補足　計算のチェックには多倍長演算パッケージ Rmpfr を使いました。例：
>
> ```
> > library(Rmpfr)
> > exp(mpfr(-745, 120))    # -745を120ビット精度で
> 1 'mpfr' number of precision  120   bits
> [1] 2.822350730471937076353440082059782607e-324
> ```

　このようなことを避けるために，事後分布 (5.6) の対数を使います：

```
logpost = function(x1, x2) {
  -0.5 * (n*x2 + ((n-1)*s2+n*(ybar-x1)^2) / exp(x2))
}
```

ここで x1, x2 はそれぞれ x_1, x_2 で，n, ybar, s2 はそれぞれ個数 n，平均 $\bar{y}$，分散 $s^2 = \sum_{i=1}^{n}(y_i - \bar{y})^2/(n-1)$ です。たとえばデータが $y = (1, 2, 3)$ のとき，

```
y = 1:3         # データ
n = length(y)
ybar = mean(y)
```

154

7.3 正規分布の平均と分散のベイズ推定

```
s2 = var(y)
```

とします。

メトロポリスのアルゴリズムで x_1, x_2 の事後分布に従う乱数を生成し，配列 x1trace, x2trace に格納するプログラムは次のようになります。初期値は $x_1 = \bar{y}$, $x_2 = \log s^2$ としました。次の候補 y1, y2 は現在の x1, x2 を中心として標準偏差 1 の乱数で選ぶことにします。メトロポリスの更新は，今まででは

```
if (runif(1) < q/p) { ...
```

のようにしていましたが，事後分布の対数を使う場合は手直しが必要です。条件式 runif(1) < q/p の対数をとれば $\log(\text{runif}(1)) < \log q - \log p$ となりますが，一様分布の対数が指数分布になることを使えば，これは $-\text{rexp}(1) < \log q - \log p$ または $\log p - \log q < \text{rexp}(1)$ と書き直せます。ここで rexp() は指数分布の乱数を返す関数です。

```
y = 1:3          # データ
n = length(y)
ybar = mean(y)
s2 = var(y)
logpost = function(x1, x2) {
  -0.5 * (n*x2 + ((n-1)*s2+n*(ybar-x1)^2) / exp(x2))
}
x1 = ybar      # 適当な初期値
x2 = log(s2)   # 適当な初期値
lp = logpost(x1, x2)  # 現在の事後分布の対数
N = 100000     # 繰返し数（とりあえず10万）
x1trace = x2trace = numeric(N)  # 事後分布のサンプルを格納する配列
for (i in 1:N) {
  y1 = rnorm(1, x1, 1)  # 次の候補
  y2 = rnorm(1, x2, 1)  # 次の候補
  lq = logpost(y1, y2)  # 次の候補の事後分布の対数
  if (lp - lq < rexp(1)) {  # メトロポリスの更新（対数版）
    x1 = y1
    x2 = y2
    lp = lq
  }
  x1trace[i] = x1  # 配列に格納
  x2trace[i] = x2  # 配列に格納
}
```

結果のヒストグラムを描いてみましょう（図 7.4）。

まずは平均 $x_1 = \mu$ ですが，$(\mu - \bar{y})/\sqrt{s^2/n}$ が自由度 $n-1$ の t 分布をすることを確かめるため，ヒストグラムと t 分布の密度関数を重ね書きしてみましょう：

第 7 章 MCMC

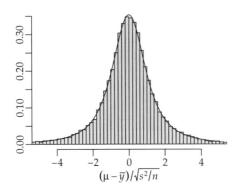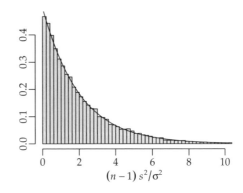

図 7.4 正規分布の平均・分散のベイズ事後分布。ヒストグラムは MCMC による計算、曲線はそれぞれ自由度 $n-1$ の t 分布と χ^2 分布。

```
hist((x1trace-ybar)/sqrt(s2/n), col="gray", freq=FALSE, xlim=c(-5,5),
     breaks=seq(-1000,1000,0.2))
curve(dt(x,n-1), add=TRUE)
```

> 補足 breaks（ヒストグラムの区切り）は余裕を見て seq(-1000,1000,0.2) つまり -1000 から 1000 まで 0.2 区切りにしましたが、自由度 2 の t 分布ですので、ときどき非常に大きな値が出現し、エラーになることがあります。その場合は -1000, 1000 をもっと大きくするか、あるいはどんな場合にもうまくいく次のような方法を使ってください：

```
t = (x1trace-ybar)/sqrt(s2/n)
t = ifelse(abs(t) > 6, 6, t)
hist(t, col="gray", freq=FALSE, breaks=seq(-6,6,0.2), xlim=c(-5,5))
```

分散 $\sigma^2 = \exp(x_2)$ については、$x = (n-1)s^2/\sigma^2$ が自由度 $n-1$ のカイ 2 乗分布をすることを確かめるため、ヒストグラムとカイ 2 乗分布の密度関数を重ね書きしてみましょう：

```
hist((n-1)*s2/exp(x2trace), col="gray", freq=FALSE,
     xlim=c(0,10), breaks=(0:500)/5)
curve(dchisq(x,n-1), add=TRUE)
```

また、2 次元のランダムウォークの軌跡を

```
plot(x1trace, x2trace, type="l")
```

のように可視化すると、更新がうまく行われているかチェックできます。

> 補足 N が大きいときは、次のように半透明の色を指定すれば、見やすくなります：

7.3　正規分布の平均と分散のベイズ推定

```
plot(x1trace, x2trace, type="l", col="#00000010")
```

最後の 10 の部分は 00 から FF までの 2 桁の 16 進数で指定します。値が小さいほど透明になります。

📝補足　問題によっては，軌跡が発散してしまって，結果が不安定になることがあります。たとえば上の問題で仮に $x2 = \log \sigma^2$ が大きい側に発散するならば，$\sigma > 20$ はありえない値なので，$x2 > \log 20^2 \approx 6$ をカットしてしまうことが考えられます。そのためには，対数事後分布 `logpost()` が $x2 > 6$ で $-\infty$ を返すように，

```
logpost = function(x1, x2) {
  if (x2 > 6) return(-Inf)
  -0.5 * (n*x2 + ((n-1)*s2+n*(ybar-x1)^2) / exp(x2))
}
```

とすることが考えられます。同様に x1 の大きい値や小さい値もカットすることができます。MCMC アルゴリズムが数値的に不安定になることはよくあるので，無情報事前分布からありえない値，興味のない範囲をカットあるいは十分小さくした弱情報事前分布（weakly informative prior）を使うことがよく行われています。

　実は，この問題については，メトロポリスのアルゴリズムを使わなくても，第 5.5 節（108 ページ〜）で調べたように，$x_2 (= \log \sigma^2)$ を固定すれば $x_1 (= \mu)$ の事後分布は $\mathcal{N}(\bar{y}, \sigma^2/n)$ であり，逆に x_1 を固定すれば $((n-1)s^2 + n(\bar{y} - \mu)^2)/\sigma^2$ の分布はカイ 2 乗分布 $\chi^2(n)$ であることがわかっているので，これらを交互に適用すれば，正しい事後分布の乱数が生成できます。複数の変数のうち 1 個ずつ変化させる，いわゆるギブスサンプリングの考え方です：

```
y = 1:3          # データ
n = length(y)
ybar = mean(y)
s2 = var(y)
x2 = log(s2)     # 適当な初期値
N = 100000       # 繰返し数（とりあえず10万）
x1trace = x2trace = numeric(N)   # 足跡を格納する配列
for (i in 1:N) {
  x1 = rnorm(1, ybar, sqrt(exp(x2)/n))
  x2 = log(((n-1)*s2 + n*(ybar-x1)^2) / rchisq(1,n))
  x1trace[i] = x1
  x2trace[i] = x2
}
```

さらに，この場合はわざわざ $\log \sigma^2$ を使わなくても σ^2 のままで大丈夫です。つまり，上のコード（およびヒストグラムを表示するコード）の `log()` と `exp()` はすべて不要になります。

第7章 MCMC

7.4 階層モデル

階層モデル $y_i \sim \mathcal{N}(\theta_i, \sigma_i^2)$, $\theta_i \sim \mathcal{N}(\mu, \tau^2)$ を，メトロポリスのアルゴリズムによる MCMC で解いてみましょう。与えられているのはデータ y_i とその誤差分散 σ_i^2 だけです。

事後分布は

$$p(\mu, \tau^2 \mid y) \propto \left(\prod_{i=1}^{n} \frac{1}{\sqrt{\tau^2 + \sigma_i^2}} \right) \exp \left(-\frac{1}{2} \sum_{i=1}^{n} \frac{(y_i - \mu)^2}{\tau^2 + \sigma_i^2} \right) \sqrt{\sum_{i=1}^{n} \frac{1}{(\tau^2 + \sigma_i^2)^2}}$$

で，最後の根号の部分が τ^2 についてのジェフリーズの事前分布です（例によって μ と τ^2 は切り離して考え，μ の事前分布は一様分布とします）。

τ^2 についての事前分布が一様になる自然な目盛の代用として，ここでは 134 ページで導入した式 (6.6) の u を使うことにします。$d\tau^2 = (\tau^2 + \bar{\sigma}^2)\, du$ ですから，τ^2 の代わりに u を使うならば，上の事後分布にさらに $\tau^2 + \bar{\sigma}^2$ を掛けなければなりません。

まずは簡単なデータ $(y_1, y_2, y_3) = (11, 13, 16)$, $(\sigma_1^2, \sigma_2^2, \sigma_3^2) = (1, 1, 4)$ で試してみましょう：

```
ydata = c(11, 13, 16)
s2data = c(1, 1, 4)
```

モデル設定と MCMC は次のようにして行います：

```
n = length(ydata)             # データの個数
s2bar = 1 / mean(1/s2data)    # 平均の誤差分散
logpost = function(m, u) {    # 事後分布の対数
  t2 = exp(u) - s2bar
  if (t2 < 0) return(-Inf)
  (log(sum(1/(t2+s2data)^2)) - sum((ydata-m)^2/(t2+s2data))
                            - sum(log(t2+s2data))) / 2 + u
}
m = mean(ydata)               # 適当な初期値
u = log(var(ydata) + s2bar)   # 適当な初期値
msd = sqrt(var(ydata)/n)
usd = sqrt(2/n)
lp = logpost(m, u)            # 事後分布の対数
N = 1e6                       # 繰返し数
utrace = mtrace  = numeric(N) # 足跡を格納する配列
thtrace = matrix(nrow=N, ncol=length(ydata))
for (i in 1:N) {
  mnew = rnorm(1, m, msd)     # 次の候補
  unew = rnorm(1, u, usd)     # 次の候補
  lq = logpost(mnew, unew)    # 次の候補の事後分布
```

158

7.4 階層モデル

```
  if (lp - lq < rexp(1)) {    # メトロポリスの更新 (対数版)
    m = mnew
    u = unew
    lp = lq
  }
  mtrace[i] = m               # 配列に格納
  utrace[i] = u               # 配列に格納
  t2 = exp(u) - s2bar
  d = 1/t2+1/s2data
  thtrace[i,] = rnorm(1) * sqrt(1/d) + (m/t2+ydata/s2data)/d
}
```

msd, usd はそれぞれ μ, u のランダムウォークの歩幅 (標準偏差) です。

✎補足 ゲルマンたち [5] は標準偏差に $2.4/\sqrt{次元数}$ を掛けた歩幅を薦めています。

これで μ, u, θ_i の事後分布がそれぞれ配列 mtrace, utrace, thtrace[,i] に入ります。たとえば μ のヒストグラムは

```
> hist(mtrace, freq=FALSE, col="gray")
```

で描けます。オプションで分割数を breaks=100 などと指定し、横軸の範囲を xlim=c(5,20) などとして調整すると見やすくなります。同様に、$\tau = \sqrt{e^u - \sigma^2}$ の度数分布は

```
> hist(sqrt(exp(utrace)-s2), freq=FALSE, col="gray")
```

で求められます。また、θ_3 の中央値と中央 95％ 信用区間は

```
> quantile(thtrace[,3], c(0.025,0.5,0.975))
      2.5%      50%     97.5%
 11.35855 14.44918 18.59558
```

で求められます。

より現実的な問題として、第 6.4 節 (136 ページ〜) で扱ったメタアナリシスの問題を解いてみましょう。まずは metafor パッケージに含まれるデータ dat.bcg を取り出します:

```
library(metafor)
es = escalc(measure="AS", ai=tpos, bi=tneg, ci=cpos, di=cneg, data=dat.bcg)
```

es$yi に効果量 (measure="AS" では $\arcsin\sqrt{x}$ の差)、es$vi にその分散が入るので、これらをデータとして使います:

```
ydata = as.numeric(es$yi)   # 念のため余分な情報を落として数値だけにする
```

第 7 章 MCMC

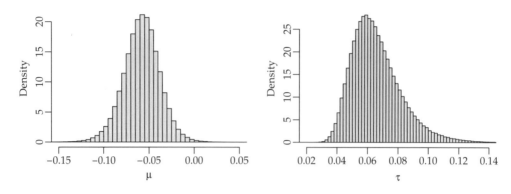

図 7.5 metafor パッケージのデータ dat.bcg のメタアナリシスによる効果量 μ，標準偏差 τ の事後分布

```
s2data = es$vi              # こちらはもともと数値だけ
```

これ以降は先ほどとまったく同じです。μ の事後分布のヒストグラムは図 7.5 のようになります。

μ と τ の中央値と中央 95％ 信用区間は次のようになります：

```
> quantile(mtrace, c(0.025,0.5,0.975))
       2.5%        50%      97.5%
-0.09916989 -0.05757895 -0.01972227
> quantile(sqrt(exp(utrace)-s2bar), c(0.025,0.5,0.975))
      2.5%       50%     97.5%
0.04116507 0.06331995 0.10633262
```

なお，ここでは μ，$u(\tau^2)$ の両方をランダムウォークで更新しましたが，$u(\tau^2)$ だけをランダムウォークで更新し，μ は式 (6.3) によってギブズサンプリング的に生成するという手もあります。

7.5 回帰分析

$x = (1, 2, 3, 4, 5, 6)$ のとき $y = (1, 3, 2, 4, 3, 5)$ になったとします（図 7.6）。このデータを，たとえば $y \sim ax + b$ というモデルで**フィット**（fit）したい（あてはめたい）というのが**回帰分析**（regression analysis）の問題です。ここでの「$\sim$」は「あてはめる」とか「なるべく等しくする」というほどの意味です。x を**説明変数**（独立変数），y を**目的変数**（従属変数）といいます。

7.5 回帰分析

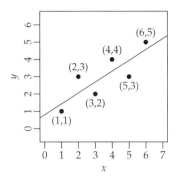

図 7.6 回帰直線の例。6 点を直線でフィットしている。

古典的には，lm() という関数を使います：

```
> xdata = c(1, 2, 3, 4, 5, 6)
> ydata = c(1, 3, 2, 4, 3, 5)
> summary(lm(ydata ~ xdata))

Call:
lm(formula = ydata ~ xdata)

Residuals:
      1       2       3       4       5       6
-0.4286  0.9429 -0.6857  0.6857 -0.9429  0.4286

Coefficients:
            Estimate Std. Error t value Pr(>|t|)
(Intercept)   0.8000     0.8177   0.978   0.3833
xdata         0.6286     0.2100   2.994   0.0402 *
---
Signif. codes:  0 '***' 0.001 '**' 0.01 '*' 0.05 '.' 0.1 ' ' 1

Residual standard error: 0.8783 on 4 degrees of freedom
Multiple R-squared:  0.6914,Adjusted R-squared:  0.6143
F-statistic: 8.963 on 1 and 4 DF,  p-value: 0.04019
```

Coefficients（係数）の Estimate（推定値）から，$y \sim 0.6286x + 0.8$ が得られます。この問題をベイズ統計で解いてみましょう。ここでは

$$y_i \sim \mathcal{N}(ax_i + b, \sigma^2)$$

という正規分布モデルを考えます。尤度は

$$\prod_{i=1}^{n} \frac{1}{\sqrt{2\pi\sigma^2}} \exp\left(-\frac{(y_i - (ax_i + b))^2}{2\sigma^2}\right) \propto \sigma^{-n} \exp\left(-\frac{\sum_{i=1}^{n}(y_i - (ax_i + b))^2}{2\sigma^2}\right)$$

です。

第 7 章 MCMC

事前分布としては，a, b, $\log \sigma^2$ について一様分布とします。$t = \log \sigma^2$ と置けば $\sigma^2 = e^t$ となるので，事後分布は

$$p(a, b, t \mid y) \propto e^{-nt/2} \exp\left(-\frac{1}{2e^t} \sum_{i=1}^{n} (y_i - (ax_i + b))^2\right)$$

になります。

> 📝 補足　ここで $A = \sum_{i=1}^{n}(y_i - (ax_i + b))^2$ と置けば，第 5.6 節（111 ページ）の式と同じ形になります。つまり，$\log \sigma^2$ について積分して消せば，$p(a, b \mid y) \propto A^{-n/2}$ となり，事後分布を最大にするには A を最小化すればよいことがわかります。つまり古典的な最小 2 乗法と結局は同じことをしています。

これを MCMC（メトロポリス法）で解いてみましょう。係数 a, b の独立性を改善するために，x, y からそれぞれの平均値を引いておきます。このことにより傾き a は変わりませんが，直線の y 切片 b は変わります。

```
xdata = c(1, 2, 3, 4, 5, 6)
ydata = c(1, 3, 2, 4, 3, 5)
xdata = xdata - mean(xdata)
ydata = ydata - mean(ydata)
n = length(ydata)               # データの個数
logpost = function(a, b, t) {   # 事後分布の対数
  -0.5 * (n*t + sum((a*xdata+b-ydata)^2)/exp(t))
}
a = 0                   # 適当な初期値
b = 0                   # 適当な初期値
t = 0                   # 適当な初期値
lp = logpost(a, b, t) # 現在の事後分布の対数
N = 1000000            # 繰返し数
atrace = btrace = ttrace = numeric(N)  # 足跡を格納する配列
for (i in 1:N) {
  anew = rnorm(1, a, 1) # 次の候補
  bnew = rnorm(1, b, 1) # 次の候補
  tnew = rnorm(1, t, 1) # 次の候補
  lq = logpost(anew, bnew, tnew)   # 次の候補の事後分布の対数
  if (lp - lq < rexp(1)) {         # メトロポリスの更新（対数版）
    a = anew
    b = bnew
    t = tnew
    lp = lq
  }
  atrace[i] = a       # 配列に格納
  btrace[i] = b       # 配列に格納
  ttrace[i] = t       # 配列に格納
}
```

100 万個の MCMC サンプルをとりましたが，初期値の影響を除くため最初の 1 万個を

7.5 回帰分析

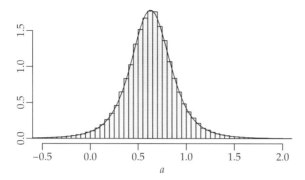

図 7.7 回帰直線の傾き a の事後分布。曲線は古典的な t 分布。

捨てて，平均値を調べてみましょう：

```
> atrace = atrace[-(1:10000)]    # 最初の1万個を捨てる
> mean(atrace)
[1] 0.6292575
```

先ほどの古典的な `lm()` で求めた値 0.6286 と近い値が得られました。中央値と 95％ 信用区間は

```
> quantile(atrace, c(0.025,0.5,0.975))
      2.5%        50%      97.5%
0.04447045 0.62977936 1.21628649
```

で求められます。

a の事後分布

```
hist(atrace, breaks=seq(-10,10,0.05),
     col="gray", xlim=c(-0.5,2), freq=FALSE)
```

は図 7.7 のヒストグラムのようになります。

古典的には，先ほどの `lm()` の出力の Coefficients（係数）の Estimate（推定値）と Std. Error（標準誤差）からわかるように，$(a - 0.6286)/0.2100$ は自由度 4 の t 分布に従います。自由度はデータ点の数 6 から係数の個数 2 を引いたもので，`lm()` の出力にも "4 degrees of freedom" と表れています。その密度関数を先ほどのヒストグラムに

```
curve(dt((x-0.6286)/0.2100,4) / 0.2100, add=TRUE)
```

のようにして重ね書きすれば，図 7.7 の曲線になります。

要は，ベイズ統計による事後分布は，古典的な t 分布と変わりません。

第 7 章　**MCMC**

7.6　ポアソンデータのピークフィット

　もっと複雑な問題に挑戦しましょう。指数分布のバックグラウンドに正規分布の信号が乗っている形のポアソン分布をする個数データから，指数分布と正規分布の正確な形を推定する問題です（古典的な方法は拙著 [1, pp. 144–145] で解説しています）。

問 19　エネルギー $i = (1, 2, \ldots, 20)$ における粒子の個数データ

$$y = c(11, 4, 13, 10, 4, 8, 6, 16, 7, 12, 10, 13, 6, 5, 1, 4, 2, 0, 0, 1)$$

を得た。データは $y_i \sim \mathrm{Poisson}(x_i)$, $x_i = ae^{-(i-10)^2/(2 \cdot 3^2)} + be^{-i/10}$ に従うとして，a, b の事後分布を推定したい。

答　事後分布を

$$p(a, b \mid y) \propto \prod_{i=1}^{20} x_i^{y_i - 1/2} e^{-x_i}$$

としてメトロポリス法で計算する：

```
idata = 1:20
ydata = c(11,4,13,10,4,8,6,16,7,12,10,13,6,5,1,4,2,0,0,1)
logpost = function(a, b) {
  x = a * exp(-(idata-10)^2/(2*3^2)) + b * exp(-idata/10)
  sum((ydata - 0.5) * log(x) - x)
}
a = 5; b = 10        # 適当な初期値
lp = logpost(a, b)   # 事後分布の対数
N = 1e6              # 繰返し数
atrace = btrace = numeric(N) # 事後分布のサンプルを格納する配列
for (i in 1:N) {
  a1 = rnorm(1, a, 1)  # 候補
  b1 = rnorm(1, b, 1)  # 候補
  lq = logpost(a1, b1) # 候補の事後分布の対数
  if (lp - lq < rexp(1)) {  # メトロポリスの更新（対数版）
    a = a1
    b = b1
    lp = lq
  }
  atrace[i] = a
  btrace[i] = b
}
```

a, b の事後分布の中央 95 % 信頼区間と中央値は次のようになる：

```
> quantile(atrace, c(0.025,0.5,0.975))
```

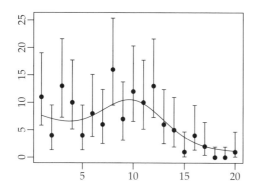

図 7.8　ポアソンデータを正規分布 + 指数分布でフィット。データは黒丸，エラーバーはベイズ中央 95% 信用区間（ただしデータが 0 のときは最短 95% 信用区間）を示す。

```
       2.5%      50%     97.5%
    4.511797 7.376486 10.512113
> quantile(btrace, c(0.025,0.5,0.975))
       2.5%      50%     97.5%
    5.778023 8.372888 11.496212
```

当てはめた曲線とデータを図 7.8 に示す。なお，a, b はポアソン分布のパラメータに比例するので，事後分布のヒストグラムは $\sqrt{a}, \sqrt{b}$ について描くほうが素直な分布になる。最頻値を求める場合は $\sqrt{a}, \sqrt{b}$ の最頻値を求めてからそれらを 2 乗するほうがよい。　□

7.7　打切りデータの回帰分析

不等式で表される打切りデータ（第 5.7 節，119 ページ）を 1 次式でフィットする問題です。

問 20　$x = (1, 2, 3, 4, 5, 6)$ のとき $y = (\mathrm{ND}, \mathrm{ND}, 3, 5, 4, 6)$ になった。ただし ND は測定値が 2 未満を意味する。このデータを 1 次式 $y \sim ax + b$ でフィットしたい。

答　3〜6 番目のデータ点は第 7.5 節と同じ正規分布モデル $y_i \sim \mathcal{N}(ax_i + b, \sigma^2)$ でよいが，1・2 番目のデータ点については

$$\begin{aligned}p(y_i = \mathrm{ND} \mid a, b, \sigma^2) &= \frac{1}{\sqrt{2\pi\sigma^2}} \int_{-\infty}^{2} \exp\left(-\frac{(y_i - (ax_i + b))^2}{2\sigma^2}\right) dy_i \\ &= \mathtt{pnorm}(2, ax_i + b, \sigma)\end{aligned}$$

したがって，全体の尤度は

第 7 章　MCMC

$$\prod_{i=1}^{2} \frac{1}{\sqrt{2\pi\sigma^2}} \int_{-\infty}^{2} \exp\left(-\frac{(y_i - (ax_i + b))^2}{2\sigma^2}\right) dy_i \cdot \prod_{i=3}^{6} \frac{1}{\sqrt{2\pi\sigma^2}} \exp\left(-\frac{(y_i - (ax_i + b))^2}{2\sigma^2}\right)$$

$$\propto \prod_{i=1}^{2} \text{pnorm}(2, ax_i + b, \sigma) \cdot \sigma^{-4} \exp\left(-\frac{\sum_{i=3}^{6}(y_i - (ax_i + b))^2}{2\sigma^2}\right)$$

となる。事前分布は a, b, $\log \sigma^2$ について一様分布とする。$t = \log \sigma^2$ と置けば $\sigma^2 = e^t$ となるので，事後分布は

$$p(a, b, t \mid y) \propto e^{-4t/2} \prod_{i=1}^{2} \text{pnorm}(2, ax_i + b, e^{t/2}) \exp\left(-\frac{\sum_{i=3}^{6}(y_i - (ax_i + b))^2}{2e^t}\right)$$

になる。これにさらに真値が負でない $ax_i + b \geq 0$ という制約を付け，MCMC（メトロポリス法）で解く：

```
xdata = c(1, 2, 3, 4, 5, 6)     # データ
ydata = c(NA, NA, 3, 5, 4, 6)   # データ
iy = is.na(ydata)               # NA
jy = !iy                        # NA以外
ny = sum(jy)                    # NA以外の個数
logpost = function(a, b, t) {   # 事後分布の対数
  if (any(a*xdata+b < 0)) return(-Inf)
  sum(pnorm(2, a*xdata[iy]+b, exp(t/2), log.p=TRUE)) -
  0.5 * (ny*t + sum((a*xdata[jy]+b-ydata[jy])^2)/exp(t))
}
a = 1              # 適当な初期値
b = t = 0          # 適当な初期値
lp = logpost(a, b, t) # 現在の事後分布の対数
N = 100000         # 繰返し数
atrace = btrace = ttrace = numeric(N)  # 足跡を格納する配列
for (i in 1:N) {
  anew = rnorm(1, a, 1) # 次の候補
  bnew = rnorm(1, b, 1) # 次の候補
  tnew = rnorm(1, t, 1) # 次の候補
  lq = logpost(anew, bnew, tnew)  # 次の候補の事後分布の対数
  if (lp - lq < rexp(1)) {  # メトロポリスの更新（対数版）
    a = anew
    b = bnew
    t = tnew
    lp = lq
  }
  atrace[i] = a    # 配列に格納
  btrace[i] = b    # 配列に格納
  ttrace[i] = t    # 配列に格納
}
```

事後分布は `hist(atrace, breaks=100, col="gray")` などのようにしてヒストグラムで示すことができる。さらに `mean(atrace)` などとして代表値が求められる。だいたい

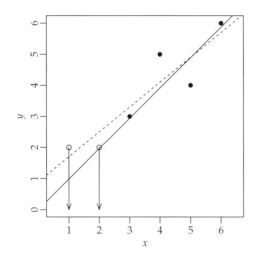

図 7.9 $x = (1,2,3,4,5,6)$, $y = (\mathrm{ND}, \mathrm{ND}, 3, 5, 4, 6)$ を直線でフィット。ND は測定値が 2 未満を意味する。点線は ND 以外の 4 点だけからフィットしたもの。

$a \approx 1$, $b \approx 0$ くらいになる。当てはめた直線 abline(mean(btrace), mean(atrace)) は図 7.9 の実線のようになる。点線は ND でない 4 個のデータから求めた古典的な回帰直線である。 □

7.8 HMC 法

ランダムウォークで移動先を探すメトロポリス法は，多次元の複雑な場合ほど効率が悪くなりがちです。この効率を飛躍的に改善する方法が **HMC** です。Stan（スタン，http://mc-stan.org）というソフトに実装されて有名になりました。もともと HMC は物理学の格子 QCD（lattice quantum chromodynamics）など素粒子の場の方程式を離散化された時空で解くために考え出されたもので，**ハイブリッド・モンテカルロ**（hybrid Monte Carlo）と呼ばれましたが，統計学では**ハミルトニアン・モンテカルロ**（Hamiltonian Monte Carlo）と呼ばれることが多いようです [18]。いずれにしても頭文字は HMC ですので，本書では HMC 法と呼ぶことにします。

ハミルトン（Sir William Rowan Hamilton, 1805–1865 年）はイギリスの数学者・物理学者です。英語の Hamiltonian（ハミルトニアン，アクセントは「ト」にある）には，「ハミルトンの」という形容詞と，「ハミルトンの何とか」という名詞の意味があります。ここでは前者の意味ですが，以下では後者の意味の「ハミルトニアン」も出てきます。

物理学起源の方法というと難しそうに聞こえますが，高校の物理学の範囲で説明できます。

第7章 MCMC

質量 m の物体が速度 v で動いているとき，その運動エネルギーは $\frac{1}{2}mv^2$ です。速度に質量を掛けた**運動量**（momentum）$p = mv$ を使えば，運動エネルギーは $p^2/2m$ とも表せます。

✏️補足 $p^2/2m$ は $\frac{p^2}{2m}$ の意味です。$p^2/(2m)$ と書くほうがあいまいでないのですが，習慣に従って $p^2/2m$ と書きます。

✏️補足 運動量は伝統的に p という文字で表します。理由はよくわかりませんが，impetus の p らしいという説があります。統計学では確率も p なので紛らわしくなってしまいます。

✏️補足 先に説明したカノニカル分布（ここでは簡単にするため $kT = 1$ と置きます）e^{-E} を思い出せば，運動エネルギー $E = p^2/2m$ を代入すると $e^{-p^2/2m}$ となり，p は分散 m の正規分布をするのではないかと想像がつけば，ビンゴです。

物体は，運動エネルギー以外に，位置 q に依存する位置エネルギー $U(q)$ を持つとします。運動エネルギーと位置エネルギーの合計を q と p の関数として表したもの

$$H(q, p) = \frac{p^2}{2m} + U(q)$$

をハミルトニアンと呼びます。

ハミルトニアンは全エネルギーに等しいので，ここで考えるようなエネルギーの出入りのない系では，時間によらず一定です。それだけでなく，ハミルトニアンには，系の運動についての全知識が含まれています。

$H(q, p)$ のような多変数の関数を，1つの変数だけについて微分することを，偏微分するといいます。H を p について偏微分したものを $\frac{\partial}{\partial p}H$ または $\frac{\partial H}{\partial p}$ または $\partial H/\partial p$ と書きます。これは実は速度 $v = dq/dt$ に等しくなります：

$$\frac{\partial H}{\partial p} = \frac{\partial}{\partial p}\frac{p^2}{2m} = \frac{p}{m} = v = \frac{dq}{dt}$$

同様に，H を q について偏微分したものの符号を変えたものは，

$$-\frac{\partial H}{\partial q} = -\frac{\partial}{\partial q}U(q) = F = ma = m\frac{dv}{dt} = \frac{dp}{dt}$$

となります（F は力，a は加速度）。ここでは，位置エネルギーの減少する向きに，位置エネルギーの傾きに比例した力 $F = -\frac{\partial}{\partial q}U(q)$ が物体に加わることと，ニュートンの運動方程式 $F = ma$ とを使いました。これら2つの式

$$\frac{dq}{dt} = \frac{\partial H}{\partial p}, \qquad \frac{dp}{dt} = -\frac{\partial H}{\partial q}$$

をハミルトンの運動方程式といいます。これはニュートンの運動方程式 $F = ma = m\frac{d^2q}{dt^2}$ と同じことですが，ニュートンの方程式が2階の微分方程式（つまり時間 t について2回

微分する方程式）であるのに対し，こちらは1階の微分方程式であり，扱いやすくなります。それだけでなく，ハミルトニアンは通常の力学を量子力学に焼き直す際に重要な役割を果たすので，避けて通れないものですが，そのあたりはここでは考えません。

ハミルトンの方程式に基づく力学の定式化をハミルトン力学（Hamiltonian mechanics，Hamiltonian dynamics）といいます。これをMCMCに応用したのが，この節のテーマであるHMCです。

横軸に q，縦軸に p をとった平面を相空間（phase space）といいます。この平面上の閉じた図形（たとえば正方形）は，図形上の各点 (q,p) をハミルトン力学に従って時間とともに変化させても，面積が変わりません。より一般に，q と p が n 次元のベクトルになっても，$2n$ 次元の相空間 (q,p) の体積は保存します（つまり，時間に依存しません）。あるいは，相空間のサンプル点の密度は一定であるということもできます。このことをリウヴィルの定理（Liouville's theorem）といいます。このことと，力学ですから時間反転についての対称性を考えれば，ハミルトン力学に従って (q,p) を変化させることによって次の候補を生成するようなMCMCアルゴリズムは，詳細釣り合いを満たすことがわかります。

もっとも，微分方程式を数値的に解く段階で，うまく考えないと，誤差がどんどん累積します。たとえば，単純なオイラー法

$$p(t+\varepsilon) = p(t) + \varepsilon \frac{d}{dt}p(t) = p(t) - \varepsilon \frac{\partial}{\partial q}U(q(t))$$

$$q(t+\varepsilon) = q(t) + \varepsilon \frac{d}{dt}q(t) = q(t) + \varepsilon \frac{p(t)}{m}$$

の繰返しではうまくいきません。代わりに，leapfrog（かえる跳び）法

$$p(t+\tfrac{1}{2}\varepsilon) = p(t) - \frac{\varepsilon}{2}\frac{\partial}{\partial q}U(q(t))$$

$$q(t+\varepsilon) = q(t) + \varepsilon \frac{p(t+\tfrac{1}{2}\varepsilon)}{m}$$

$$p(t+\tfrac{3}{2}\varepsilon) = p(t+\tfrac{1}{2}\varepsilon) - \varepsilon \frac{\partial}{\partial q}U(q(t+\varepsilon))$$

$$q(t+2\varepsilon) = q(t+\varepsilon) + \varepsilon \frac{p(t+\tfrac{3}{2}\varepsilon)}{m}$$

$$\vdots$$

$$q(t+L\varepsilon) = q(t+(L-1)\varepsilon) + \varepsilon \frac{p(t+\frac{2L-1}{2}\varepsilon)}{m}$$

$$p(t+L\varepsilon) = p(t+\frac{2L-1}{2}\varepsilon) - \frac{\varepsilon}{2}\frac{\partial}{\partial q}U(q(t+L\varepsilon))$$

第7章 MCMC

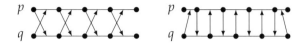

図7.10 左はオイラー法，右はleapfrog法

を使うとうまくいきます。これは図7.10のように交互にpについて$\frac{1}{2}, \frac{3}{2}, \frac{5}{2}, \ldots$，$q$について$1, 2, 3, \ldots$と進むことで，時間反転の対称性を維持しています。また，pはqだけに依存する量だけシフトし，qはpだけに依存する量だけシフトするので，(q, p)平面の図形の面積は変わりません。

> **補足** このεとステップ数Lをどう定めると効率が良いかは非常に難しい問題です。なるべく遠くまで行きたいのですが，ステップ数を多くしすぎると，進んでいたはずのものが逆戻りします。Stanでは，逆戻りしないようにステップ数を適応的に定めるNUTS (No-U-Turn Sampler) という巧妙な方法を使っています。

ハミルトニアンは全エネルギーに相当するので，この章の最初で述べたように，カノニカル分布$e^{-H/kT}$を仮定します。ボルツマン定数と温度の積kTは何でもいいので，$kT = 1$としてしまいます。すると，確率は

$$e^{-H} = \exp\left(-\frac{p^2}{2m} - U(q)\right) = \exp\left(-\frac{p^2}{2m}\right)\exp(-U(q))$$

に比例します。$\exp(-\frac{p^2}{2m})$に比例することから，pは正規分布$\mathcal{N}(0, m)$に従うことがわかります。一方で，$\exp(-U(q))$に比例することから，$-U(q) = \log f(q)$と置けば，確率は$\exp(-U(q)) = f(q)$に比例します。

> **補足** Stanでは$\log f(q)$を`lp__`で表します。

つまり，密度関数$f(q)$の確率分布に従う乱数qを生成するためには，ハミルトニアンを

$$H(q, p) = \frac{p^2}{2m} - \log f(q)$$

と置き，$p \sim \mathcal{N}(0, m)$を乱数で選び，任意の初期値qから出発して，ハミルトン方程式に従って(q, p)を推移させます（たとえば1秒後の状態にします）。推移前のハミルトニアンをH_old，推移後のハミルトニアンをH_newとすれば，本来はハミルトニアンはエネルギーですから$H_\text{old} = H_\text{new}$のはずですが，数値計算の誤差で微妙に違ってきます。この後は通常のメトロポリスのアルゴリズムに従い，各状態の確率はそれぞれe^{-H_old}，e^{-H_new}に比例するとして，一様乱数`runif(1)`を生成し，それが$e^{-H_\text{new}}/e^{-H_\text{old}}$より小さければ推移先の候補を採択し，そうでなければ棄却します（古いままにします）。あるいは同

7.8 HMC法

じことですが，$H_{\text{new}} - H_{\text{old}} < \text{rexp}(1)$ であれば採択します。

例として，第7.2節（151ページ〜）のコーシー分布の生成と同じことをしてみます。$m = 1$，$\varepsilon = 0.1$，$L = 10$ としました。

```
U = function(q) log1p(q^2)        # log(1+q^2) = -log f(q)
dU = function(q) 2 * q / (1 + q^2) # dU/dq
N = 100000
accept = 0
eps = 0.1
L = 10
a = numeric(N)
q = 0  # 初期値
for (i in 1:N) {
  qold = q
  p = rnorm(1)            # 運動量
  Hold = p^2 / 2 + U(q)   # 旧ハミルトニアン
  p = p - eps * dU(q) / 2 # leapfrogここから
  q = q + eps * p
  for (j in 2:L) {
    p = p - eps * dU(q)
    q = q + eps * p
  }
  p = p - eps * dU(q) / 2 # leapfrogここまで
  Hnew = p^2 / 2 + U(q)   # 新ハミルトニアン
  if (Hnew - Hold < rexp(1))  # メトロポリス
    accept = accept + 1
  else
    q = qold
  a[i] = q
}
```

> 📝補足 関数 log1p() は $\log(1 + x)$ を計算する関数です。x が 0 に近いときも含め，こちらのほうが正確に計算できます。

これで a[1] から a[N] までにコーシー分布の乱数が入るはずです。第7.2節と同様に，ヒストグラムを描き，正しいコーシー分布の密度関数 dcauchy(x) を重ね書きして，正しい分布が得られたこと，および採択率を確認しましょう：

```
> accept / N
[1] 0.99956
```

n 次元の場合は q，p，dU は長さ n のベクトルになります。p = rnorm(1) は p = rnorm(n) になり，ハミルトニアンの p^2 は sum(p^2) になります。配列 a への保存も手直しが必要です。

エピローグ

　今，統計学の古い習慣がいろいろ見直されようとしています。

　昔は「○○には有意な効果が見られた（$p < .05$)」のような記述が多用されていました。これでは，どれだけ効果があったのか見当がつきません。具体的な p 値を書こうという声が挙がって，「○○には有意な効果が見られた（$p = .03$)」に改善されました。でも，p 値というのがよくわからん，$p = 0.03$ って，間違っている確率が 3 ％ ってことか，なら 97 ％ の確率で効果があるということが証明されたのか，というまったく見当はずれの理解がかなり見られました。効果が仮にないとしてモデル計算したら，今回得られた実験結果またはそれより甚だしい結果が偶然に得られる確率は 3 ％ しかないことがわかったのだ，といくら説明しても，理解してもらえません。とにかく p 値が 0.05 未満なら「有意」ということで論文が採択してもらえるというので，データを採ったらいろいろな検定をやってみて $p < 0.05$ を見つける，いわゆる「p ハッキング」が横行しました。まったく効果がなくても，こんなことを 20 回行えば，期待値として 1 回は有意な結果が出てしまうので，こういう p ハッキングは研究不正と言ってもいいほどの由々しきものです。その結果（だけではないでしょうが），分野によっては論文の大半で，同じ実験をやってみても結果を再現できないということが問題になりました。いわゆる「再現性の危機」(reproducibility crisis) です。「有意」の基準 $p < 0.05$ が甘すぎるので $p < 0.005$ にしよう（素粒子物理学ではほぼ片側 $p < 3 \times 10^{-7}$ に相当する 5σ が「発見」の基準ですし）とか，いや p 値を使う限り同じことだ，p 値を禁止しようといった話まで飛び交いました。

　p 値ではなく効果量の信頼区間を使おうという運動も起こり，人によってはこれを大げさに "the new statistics" と呼んだりしました [19]。もっとも，こんなことは物理学などでは昔から行われていたことです（物理では 95 ％ 信頼区間ではなく 68 ％ 信頼区間に相当する「標準誤差」がデフォルトですが）。また，信頼区間は p 値に基づいて定義されており（95 ％ 信頼区間は片側 p 値が 2.5 ％ 以上であるようなパラメータの範囲です），95 ％ 信頼区間といっても「その中に真の値が 95 ％ の確率で入る」という意味ではありませんでした（ここまでが前著『R で楽しむ統計』[1] のストーリーで，これ以降が本書のストーリーです）。

エピローグ

そこに現れたベイズ統計（歴史的な順序をかなり無視して書いています）は，p 値を使わない（すぐに Bayesian p-value というものが発明されましたが）というので，混乱した統計学の救世主になるのではないかと期待されました。ベイズ95％信用区間は，本当にパラメータがその中に95％の確率で入ると称してよいものです（本文で書いたように「確率」の意味は必ずしも従来と同じではありませんが）。

ただ，ベイズ統計には「事前分布」という厄介なものがありました。ベイズ統計の確率は主観確率なので事前分布は研究者の主観で決めればよいとか，アルゴリズム（MCMCなど）が安定するように選べばよい，$N \to \infty$ で事前分布は効かないのでどうでもよい，といった主張がされましたが，N（サンプルサイズ）の小さいところで戦っている者には，うらやましく聞こえるだけでした。幸い，ジェフリーズやベルナルドたちのおかげで，座標の選び方に依存しない「客観的な」無情報事前分布が定義できるようになります（それを嫌う統計学者も少なくないのですが）。これは，本文で示したように，分散安定化された座標での一様分布に相当します。そのような座標では，ベイズ統計の MAP 推定は従来の最尤推定と同じことですし，信用区間の幅は，従来の信頼区間の幅とほとんど変わらない（違いは $1/\sqrt{N}$ のオーダー）ということもわかりました。従来の信頼区間を評価するための「カバレッジ」で評価しても，無情報事前分布に基づく信用区間は優秀です。このタイプのベイズ統計学は，統計にうるさい素粒子物理学でも，徐々に使われるようになってきました（[20] の 4.4 節，Particle Data Group [21] の Statistics の項参照）。

もちろん，無情報でない事前分布が使えるならば，さらに安定した推定値を求めることができます。

また，たとえ無情報でも，類似のデータが複数あれば，階層モデルを使うことによって，あたかも個々のデータに無情報でない事前分布を与えたのと同様に，統計的なゆらぎを抑えた「収縮」推定量を求めることができます。これはすごいことのように聞こえますが，要は昔から知られていた「平均への回帰」の定式化に過ぎません。突飛な値を出しても，たいていは同じ条件で次に調べれば平均に近づくという現象です。

個々のデータをばらばらに調べて「有意」なものを見つけるというやりかたでは，p ハッキングにしないために多重検定（多重比較）の補正が必要でしたが，いろいろな補正法があり，一意的な答えが出せませんでした。ベイズ統計では，そもそも「検定」する必要がないので，補正は不要です。さらに，階層モデルで全体を一つのモデルで扱うことができれば，多重性そのものを考える必要がなくなります。

さらにベイズ統計では，MCMC という強力な手段のおかげで，複雑なモデルでも扱うことができるようになりました。WinBUGS，JAGS，そして今なお発展途上の Stan など，ブラックボックスとして使える便利な MCMC ソフトがありますが，本書では R で素直に MCMC をコーディングすることで，原理を理解しながら計算することに重点を置きました。2016 年時点の Stan については，松浦さんのすばらしい本 [22] があります。

ともあれ，出発点のまったく違う従来の統計学とベイズ統計学ですが，「検定」ではなく「推定」に注目するなら，やっていることはほとんど同じです。頻度主義かベイジアンかという二者択一ではなく，道具が2倍に増えたととらえてはどうでしょうか。

　古典的な統計学から入られたかたはベイズ統計学も勉強すれば世界が広がりますし，ベイズ統計学から入られたかたは古典的な統計学も勉強すれば世界が広がります。前著『Rで楽しむ統計』[1] と本書が役に立つことを祈っています。

　本文でもRの基本は一応は説明したつもりですが，ダウンロードやインストールのしかた，Rの基本については，以下の付録で，瓜生真也さん・牧山幸史さんが補ってくださいました。

付録 A
R の利用方法

瓜生 真也

　統計プログラミング環境 R は、誰でも自由に利用できるフリーソフトウェアであり、macOS、Windows、Linux という主要な OS で動作します。R の特徴は統計解析やデータ分析を行う機能を豊富に備えていることであり、またグラフィックスの作成も得意としています。

　ここでは R と、その統合開発環境である RStudio のインストール方法と基本操作を紹介します。また R によるプログラングと統計・確率の基礎について解説します。

A.1　R および RStudio のダウンロード

　まずは R をダウンロードしましょう。最初に R-Project のホームページ (https://www.r-project.org) にアクセスし、[download R] というリンクをクリックします。すると、世界各地に存在する CRAN (The Comprehensive R Archive Network) のミラーサイトをまとめたページが表示されます。CRAN は R 本体とパッケージ（後述）を配布するサイトです。また R に関するさまざまな情報を公開しています。日本には統計数理研究所が設置したミラーサイトがあります（2017 年 12 月現在）。一覧から [Japan] のリンクを選んでください。

　CRAN のトップページにアクセスすると、図 A.1 のような画面が表示されます。R のインストーラは OS ごとに用意されており、以下では macOS と Windows でのダウンロードとインストールについて説明します。なお、Linux についてはディストリビューションごとに用意されたバイナリパッケージを利用できます。詳細は [Download R for Linux] というリンクを参照してください。ここでは、2017 年 12 月時点での R の最新バージョンである 3.4.3 を例に説明していますが、バージョン番号は X.X.X と表記しますので適宜読み替えてください。

付録 A　R の利用方法

図 A.1　CRAN の画面。ダウンロードのためのリンクは OS ごとに異なる。

　macOS の場合、[Download R for (Mac) OS X] というリンクをクリックし、その先に表示される [R-X.X.X.pkg] というリンクからインストーラをダウンロードします。Windows の場合、[Download R for Windows] をクリックした先のページで、[base] というリンクをクリックしてください。そこで表示される [Download R X.X.X for Windows] というリンクをクリックすると、Windows の R インストーラがダウンロードできます。

A.1.1　R のインストール

　本節では R のインストール方法を説明します。以下、利用する OS に応じた項目を参照してください。

A.1 R および RStudio のダウンロード

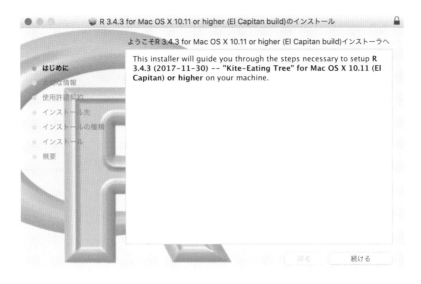

図 A.2　macOS での R のインストール画面

macOS でのインストール

インストーラファイル (R-X.X.X.pkg) をダブルクリックします。するとインストールに対する説明の画面が表示されます（図 A.2）。[続ける] をクリックすると、使用許諾（ライセンス）の表示と使用許諾契約条件への同意を求める画面が現れます。

使用許諾契約条件に同意すると、R のインストール先を指定する画面が現れます。ここでは、[すべてのユーザ用にインストール] を選びましょう。次に表示される [インストール] ボタンを押すとインストールが始まります。なおアプリケーションのインストール時に OS の管理パスワードの入力が求められることがあります。インストールが完了すると、アプリケーションフォルダに R.app というアプリケーションが作成され、R が利用可能になります。

Windows でのインストール

Windows でも、ダウンロードした実行ファイルをダブルクリックで起動します。インストールの確認を求めるダイアログが出てきた場合は [はい] を選びます。なお管理者権限の関係でインストーラがうまく起動しない場合は右クリックで [管理者として実行] を選び、インストールを進めてください。

インストーラを起動すると、言語を選択するウインドウが表示されます（図 A.3）。イ

付録A Rの利用方法

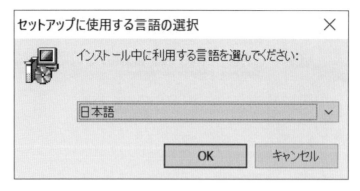

図 A.3　Windows での R のインストール

ンストール中にさまざまなオプションを選択できますが、通常はデフォルトの設定のままで構いません。

A.1.2　R の起動と終了

インストールした R を起動してみましょう。Windows ではデスクトップに R のアイコンが表示されているはずです。環境によっては同じようなアイコンが 2 つありますが、基本的にはどちらを実行しても構いません。また Mac であればアプリケーションフォルダに保存された R のアイコンをクリックして起動させます。実行するとコンソールと呼ばれるウィンドウが表示されます。この画面の下には「>」記号が表示されています。「>」はプロンプトと呼び、R が入力を待っている状態を示します。

試しに簡単な算術演算を行いましょう。コンソールに「1 + 1」と入力し Enter を打ちます。次のような出力が確認できるはずです。[1] の右側に計算結果が出ています（図 A.4）。このようなコンソールで実行する命令をコードなどと言います。

```
> 1 + 1
[1] 2
```

R では単純な四則演算に加えて、高度な計算を実行する関数が利用できます。R の基本的な操作や関数についての詳細は、後述します。ここではいったん R を終了させましょう。

R を終了させる方法は他のアプリケーションと変わりませんが、コマンドで行うこともできます。コンソールに q() と入力すると、現在の作業スペースを保存するかどうかを尋ねられます。ここで保存しないことを表す n を入力すると R が終了します。作業スペースについては本稿の最後に説明します。

A.1 RおよびRStudioのダウンロード

図A.4 Rコンソールで算術演算を行う。

```
> q() # Rを終了する
```

シャープ記号 # の右に説明文を書いていますが、これはコメントといいます。コメントは、実行されることがありません。コードとは別に、主にコードの説明を残すために利用します。Rでは # から改行までをコメントとして扱います。

付録 A　R の利用方法

A.1.3　RStudio のインストール

　RStudio は R を拡張するためのアプリケーションです。RStudio を導入することで、R への命令の入力や実行が簡単に行えるようになります。また PDF や Word 形式のレポートや、表現力の豊かなプレゼンテーションをボタン 1 つで作成する機能などが備わっています。

　さっそく RStudio を導入しましょう。RStudio 社の Web サイト（https://www.rstudio.com）に [Products] というリンクがあります。RStudio には、デスクトップ版とサーバ版の 2 種類がありますが、ここではデスクトップ版を選びます。次に、利用している OS に合わせてインストーラをダウンロードします（https://www.rstudio.com/products/rstudio/#Desktop）。インストールの方法はやはりダブルクリックするだけです。インストールが完了すると、R 本体と同じアプリケーションフォルダ等に RStudio が保存されます。

A.2　RStudio の基本

　RStudio を起動すると、図 A.5 のような画面が表示されます。画面が大きく 3 つのパネル（pane とも言います）に分かれていることが確認できます。これらのパネルの役割について、ここで簡単に説明しましょう。

A.2.1　パネルの役割

　まず画面左側のパネルはコンソールです。R をアプリケーションで起動した際のコンソールに相当します。したがってコンソールに命令を入力して、実行させることができます。

　次に画面右側ですが、こちらは 2 つのパネルが上下に並んでいます。上のパネルには複数のタブがあり [Environment] と [History] という表示が確認されるはずです。一方、下のパネルに [Files]、[Plots]、[Packages]、[Help]、[Viewer] という項目が並んでいます。なお、RStudio を操作していると、別のタブが追加されることがあります。ここでは標準的なタブの機能について紹介します。

　右上パネルの [Environment] タブでは、現在の作業で扱っているオブジェクトの一覧が表示されます。R でオブジェクトとはデータなどのことです。[Environment] タブの機能を理解するため、試しにコンソールで「x <- 1 + 1」と実行してみてください。するとタブの中に「x」という項目が追加されるはずです。このコードは、1 足す 1 の実行結

182

A.2 RStudio の基本

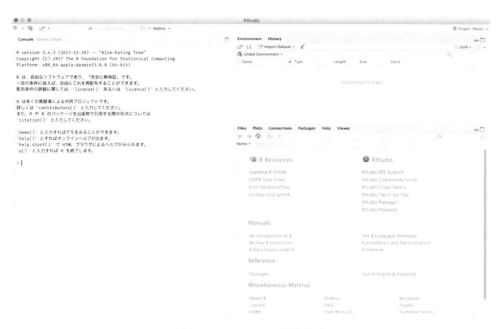

図 A.5 RStudio の起動画面

果を x という名前で保存しています。この x がオブジェクトになります。また <- は代入記号（演算子）であり、右辺の命令の結果を左辺においたオブジェクトに関連付けます。つまり、このコードを実行すると、以降 x は 2 を表します。コンソールへ次の入力を行うと計算結果である 2 に x という名前がつけられます。

> x <- 1 + 1 # このxをオブジェクトという

R で作業していると多くのオブジェクトを扱うことになります。するとすべてのオブジェクトを把握することが難しくなります。[Environment] タブでは、作業中のオブジェクトの中身や種類、あるいはサイズを確認できます。また、オブジェクトの削除や保存といった操作も行えます。

[Environment] タブにはデータの読み込み機能もあります。[Import Dataset] というボタンを押すと、テキストファイル（いわゆる csv ファイルなど）、Excel 形式のファイルなどを読み込むためのダイアログが表示されます。ここで対象のファイルを選ぶことで R にそのデータが読み込まれます。

[Environment] の横にある [History] タブには R の操作履歴一覧が記録されています。過去に実行したコードを再び実行したり、ファイルに記録するのに役立ちます。また、右にある虫眼鏡アイコンでは履歴を検索したり、過去に行った処理を再度実行できます。

次に RStudio 画面右側の下部のパネルです。左のタブから順に説明していきます。

付録 A　R の利用方法

[Files] タブでは、作業中のフォルダにあるファイルなどが階層的に表示されています。ファイルをクリックすることで RStudio のパネルに表示させることができます。また、新規のフォルダ追加やファイル名の編集や削除といった操作もこのタブから実行できます。

[Plots] タブには、R で作成した画像が表示されます。表示された画像は [Export] ボタンから PDF や PNG の形式で保存できます。なお生成された画像は履歴として残っており、タブにある矢印ボタンをたどることで、再度表示させることができます。

[Packages] タブではパッケージの管理を行います。パッケージとは R を拡張する機能のことで、CRAN などからダウンロードして導入できます。リストにあるパッケージ名をクリックすることで、その機能を利用できるようになります。また、ここからパッケージを新規にインストールすることもできます。

続いて [Help] タブですが、R には各種オブジェクトについて詳細なヘルプが用意されており、これらを参照するために利用します。たとえば左のコンソールで > プロンプトの横に ?iris と入力して Enter を押すと [Help] タブに iris データ（アヤメの品種とサイズのデータ）の説明が表示されるはずです。英語ではありますが、難しい表現は使われていませんので、R のオブジェクト操作に迷ったらオブジェクト名の頭に ? を加えて実行し、ヘルプを参照することを勧めます。

最後に [Viewer] ですが、このタブは [Plots] と同じく画像の出力のために利用されます。[Plots] と異なる点は、このタブが Web ブラウザのような役割を果たす点にあります。R には、プレゼンテーション用のスライドを作成する機能もあり、このタブで確認、操作できます。また、Shiny という R のアプリケーションフレームワークもこのタブで実行されます。

RStudio の起動直後では、デフォルトでは 3 つのパネルが並んでいますが、もう 1 つ重要なパネルがあります。それは R のコードなどを記録するスクリプトを操作するパネルです。R のコードを記載するファイルをスクリプトと呼びます。これにより操作をあとで簡単に再現できるようになりますし、第三者に配布することも可能になります。

実際にスクリプトを準備してみましょう。メニューバーの [File] から [New File]、そして [R Script] と選ぶと、画面左側のコンソールパネルの上にソースパネルが表示されるはずです。

スクリプトに記述したコードを実行させるにはパネルの右上にある [Source] というボタンを押します。あるいはコードの一部だけを処理したい場合には、そのコードが書かれている行にカーソルを置く、あるいは複数の行を選択した状態でパネル上の [Run] ボタンを押します。

ソースパネルは複数のスクリプトを同時に編集することも可能であり、これらはタブとして管理されます。

A.2.2 プロジェクトと作業ディレクトリ

RStudioにはプロジェクトという作業単位があります。プロジェクトではデータファイルやスクリプトを1つのフォルダにまとめて管理できますので、分析の内容や目的ごとに作業を完全に独立させることができます。

プロジェクトは、メニューバーより、[File]、[New Project]と選択して作成できます。プロジェクトを作成するダイアログで1番上の選択肢では新規にプロジェクト用のフォルダを作成することを、また2番目の[Existing Directory]ではすでにあるフォルダをプロジェクトに利用することを意味します。3番目の[Verstion Control]はGitなどのバージョン管理機能と連携させるための選択肢です。

ここで新規プロジェクト作成を選ぶとします。するとプロジェクトの種類を選択するダイアログが表示されます。いくつかの項目がありますが、通常のデータ分析作業であれば[New Project]を選びます。ここでは紹介しませんが、このほかにもRでパッケージを作成する、あるいはWebアプリケーションを開発するためのプロジェクトを用意できます。最後にフォルダの名前（Directory Name）と、フォルダの作成先を指定します。フォルダの名前はプロジェクト名として利用されます。そして[Create Project]ボタンを押すと指定されたフォルダにプロジェクトが作成されます。ここではDirectory nameは「new_project」、ディレクトリの位置はユーザディレクトリ以下のドキュメントディレクトリを選択しました（図A.6）。

なお、プロジェクト名には日本語やスペースなどの記号を利用しないようにしましょう。RおよびRStudioは海外で開発されたアプリケーションであるため、日本語などの文字を認識できずにトラブルが生じる可能性があるためです。

プロジェクトを利用すると、プロジェクト単位で管理できることを確認してみましょう。コンソールに getwd() と入力して Enter を押してください。すると/Users/Gihyo/new_project のような出力が得られるはずです。なおWindowsであれば C:/Users/Gihyo/new_project などとなります。

```
> getwd() # 作業ディレクトリの確認
[1] "/Users/Gihyo/new_project"
```

Windowsの場合は、[1] "C:/Users/Gihyo/new_project"のように出力されます。getwd()はRで作業を行うディレクトリ（フォルダ）の位置を表示します。ファイルを読み込んだり、あるいは画像を作成する場合、この「作業ディレクトリ（フォルダ）」が読み込みや保存の起点となります。今回のようにプロジェクトを利用していると、作業ディレクトリはプロジェクトを作成した場所になります。

現在のプロジェクト名は、RStudioの画面右上に表示されています。プロジェク名をク

付録 A　Rの利用方法

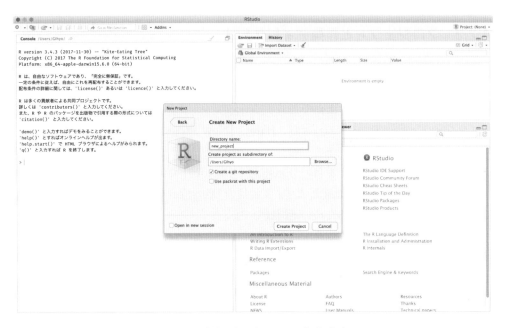

図 A.6　新規プロジェクトの作成画面

リックすると、現在のプロジェクトを閉じたり、他のプロジェクトを開いたりできます。また、最近開いたプロジェクトの一覧も表示されるので、簡単にプロジェクトの切り替えができます（図 A.7）。

A.3　Rプログラミングの初歩

　さて、ここからRを実行するための命令、すなわちコードを書く方法を説明しましょう。Rはプログラミング言語ですので、ここでの説明はプログラミングの初歩でもあります。

　ここではRでのプログラミングの基本となる「オブジェクト」、「関数」、「パッケージ」および「作業スペース」について説明します。

A.3.1　オブジェクト

　オブジェクトとは文字や数値などを指します。数値の1、3.14や文字の"A"、"あいうえお"もオブジェクトです。また、処理を実行した結果もオブジェクトとして扱われます。
　オブジェクトは、名前をつけて保存することができ、保存されたオブジェクトは、名前

A.3 Rプログラミングの初歩

図 A.7　RStudio のプロジェクト切り替え画面。右端の窓をクリックすると新規ウィンドウでプロジェクトが立ち上がる。

によって参照できます。以下の例では、数値の 1 に x という名前を、また文字の "A" に対して y という名前をつけています。

```
> x <- 1 # 数値の1、文字列のAをそれぞれx、yとして保存
> y <- "A"
```

<- は先にも触れたように、<- はオブジェクトに名前を付ける操作をします。これを「代入」といいます。上の実行例では x に数値の 1 を代入しています。これにより x は 1 を表すことになりますので、以下のような計算ができるようになります。

```
> x + 2
[1] 3
```

なお文字をオブジェクトとして利用する場合は引用符で囲む必要があります。引用符には 1 重引用符 ' と 2 重引用符 " があります。R ではどちらを使っても構いません。ただしオブジェクトを作成するにはいずれかの引用符で統一されていなくてはいけない点に気をつけてください。

```
> "こんにちは" # 文字列は引用符で囲む
[1] "こんにちは"
```

187

付録A　Rの利用方法

```
> 'Hello, World!'
[1] "Hello, World!"
```

A.3.2　ベクトル

ベクトルはRでもっとも重要なオブジェクトです。ベクトルは複数の数値や文字を
セットにしたオブジェクトです。たとえば1から100までの整数100個を次のように表
現できます。

```
> z <- 1:100 # :演算子は配列を生成する
> z
  [1]   1   2   3   4   5   6   7   8   9  10  11  12  13  14  15  16  17
 [18]  18  19  20  21  22  23  24  25  26  27  28  29  30  31  32  33  34
 [35]  35  36  37  38  39  40  41  42  43  44  45  46  47  48  49  50  51
 [52]  52  53  54  55  56  57  58  59  60  61  62  63  64  65  66  67  68
 [69]  69  70  71  72  73  74  75  76  77  78  79  80  81  82  83  84  85
 [86]  86  87  88  89  90  91  92  93  94  95  96  97  98  99 100
```

ここでzはベクトルを表し、1から100までの100個の数値を表しています。zをコ
ンソールに入力すると1から100までのすべての数値が出力されていることに注意して
ください。ベクトルに保存される個々の値を要素と呼びます。コンソールの出力の左端に
ある鉤括弧と数値は、その右の要素の番号を表しています。上の実行例では出力の2行目
先頭に [18] とありますが、これは、その右の数値18が、ベクトルの18番目の要素であ
ることを意味しています。ベクトルの要素をカギ括弧 [と順番で指定することを「添え
字」といいます。

[はオブジェクトの要素を取り出す演算子です。鉤括弧の内部で要素の位置や名前を指
定します。[演算子を使ったデータ参照の例をいくつか見てみましょう。

```
> z[50] # ベクトルの50番目の数値だけを取り出す
[1] 50
```

```
> z[10:15] # 10番目から15番目の要素を参照
[1] 10 11 12 13 14 15
```

```
> z[c(5, 10, 15)] # 5, 10, 15番目の要素を取り出す
[1]  5 10 15
```

またベクトルを作成するにはc()を使うこともできます。

```
> c("あ", "い", "う", "え", "お") # c()による値の結合
[1] "あ" "い" "う" "え" "お"
```

ただしRのベクトルでは、異なるデータ型、すなわち文字や数値といった値を混同させ

ることはできません。同じベクトルの中に異なるデータ型が指定された場合、いずれかの
データ型（多くの場合は文字型）に変換されます。

```
> c("A", 1, FALSE) # ベクトル内に異なるデータ型の要素を含めると文字列に変換される
[1] "A"      "1"       "FALSE"
```

A.3.3 関数

R ではオブジェクトに関数を適用して処理を行います。たとえば、先ほど 1 から 100 ま
でのオブジェクトを z という名前で保存しました。この z の要素をすべて合計した数値
を求めるには sum() という関数を利用します。

```
> sum(z)
[1] 5050
```

R の処理はすべて関数の呼び出しにより行われます。この付録でもすでに q() や
getwd() といった関数を紹介しています。関数は名前の後に丸括弧が続きます。関数を
実行する場合、通常は括弧内にオブジェクトを指定します。関数内に指定するオブジェク
トを「引数」といいます。関数は引数に与えられた値を入力値とし、入力に応じた出力を
行います。上の例では関数 sum() に引数として z を指定しています。これによりベクト
ル z の要素の合計（sum）が求められます。

R には多数の関数が用意されていますが、ユーザ自身で関数を定義することもでき
ます。試しに "Hello, world!" と表示するだけの関数を定義してみましょう。関数は
function() という関数によって作成します。関数の定義が完結するまでプロンプトが +
に変わります。

```
> hello_world <- function() {
+   "Hello, world!"
+ }

> hello_world()
[1] "Hello, world!"
```

定義した関数を実行するには、その名前に丸括弧を加えて実行するだけです。関数定義
には引数を追加できます。上の関数を修正して、ユーザが関数を実行した際に引数として
与えた名前を表示できるようにしてみましょう。次のコードでは、name という引数を宣
言し、初期値を与えています。

```
> my_name_is <- function(name = "Shinya") {
+   paste("Hi, my name is", name, "!")
+ }
```

付録 A　R の利用方法

```
> my_name_is(name = "uribo") # 引数を入力し、出力結果を変化させる
[1] "Hi, my name is uribo !"

> my_name_is() # 引数の入力を省略すると、関数で定義された既定値が利用される
[1] "Hi, my name is Shinya !"
```

name というのが引数名です。この関数では引数 name に = で文字列（ユーザの名前など）を指定できます。なお引数の名前（ここでは name）は省略できます。ただし多数の引数が用意されている関数では、混乱を防ぐため引数名を明示的に指定した方が良いでしょう。

```
> my_name_is("uribo")
[1] "Hi, my name is uribo !"
```

R の関数にどのような引数があるのかを確認するにはヘルプを参照します。sum() であれば、コンソールで ?sum と入力して Enter を押せば、RStudio の右下の [Help] タブに関数の説明が表示されます。

A.3.4　データフレーム

データフレームは、行と列の概念を持つ 2 次元のデータ構造です。これは Excel のワークシートに近い表現形式で、表（テーブル）とも呼ばれます。データフレームは R でデータを操作する場合のもっとも基本的なオブジェクトです。Excel ファイルや CSV ファイルから読み込まれたデータは自動的にデータフレームになります。ここでは説明のため data.frame() という関数を使ってデータフレームを生成してみます。列名 = 値の形式で指定します。

```
> dat <- data.frame(
+    X = 1:5,
+    Y = c(2, 4, 6, 8, 10),
+    Z = c("A", "B", "C", "D", "E")
+ )

> dat
  X  Y Z
1 1  2 A
2 2  4 B
3 3  6 C
4 4  8 D
5 5 10 E
```

データフレームの行ないし列を参照するには、[および $ 演算子が利用できます。それ

190

A.3 R プログラミングの初歩

それの演算子の利用方法を以下に示します。

[は、ベクトルでは要素番号を指定しましたが、データフレームでは、鉤括弧の内部を
カンマで区切り、カンマの前に行番号を、そしてカンマの後に列番号を指定します。以下
の実行例で 1 行目全体を指定しています。カンマの後は列の指定ですが、ここでは空白に
なっています。この場合、すべての列が指定されたことになります。

```
> dat[1, ]
  X Y Z
1 1 2 A
```

次に列を指定してみます。鉤括弧内でカンマの後に 3 を指定することで 3 列目全体を
表示できます。なおカンマの前、すなわち行指定を空白としたので、すべての行が表示さ
れることに注意してください。

```
> dat[, 3]
[1] A B C D E
Levels: A B C D E
```

行番号と列番号をそれぞれ指定して実行してみます。1 行目のデータの 2 列目の要素の
値を取り出してみましょう。

```
> dat[1, 2]
[1] 2
```

このように、[と , で参照する位置を指定することでデータフレームの値が取り出せま
す。また、列の指定には列名を直接与えることもできます。

```
> dat[, "X"]
[1] 1 2 3 4 5
```

次に $ 演算子を利用したデータの参照方法を紹介します。データフレームのオブジェ
クト名に $ を続けて列名を指定すると、その列の値がベクトルとして返されます。

```
> dat$y
NULL
```

A.3.5 行列

行列はデータフレームと同様に行と列からなる 2 次元のデータです。ただしデータフ
レームでは文字列からなる列と数値からなる列を 1 つのデータフレームにまとめることが
できましたが、行列ではすべての要素が同じデータ型でなければなりません。行列の例を
以下では matrix() で生成します。 matrix() では nrow と ncol で行と列のサイズを指

付録A Rの利用方法

定します。

```
> m <- matrix(1:9, nrow = 3, ncol = 3)
> m
     [,1] [,2] [,3]
[1,]    1    4    7
[2,]    2    5    8
[3,]    3    6    9
```

行列の処理例を以下に示します。

```
> m * 3 # 各要素に対する積をとる
     [,1] [,2] [,3]
[1,]    3   12   21
[2,]    6   15   24
[3,]    9   18   27

> m %*% m # 2つの行列の積を求める
     [,1] [,2] [,3]
[1,]   30   66  102
[2,]   36   81  126
[3,]   42   96  150

> rowSums(m) # 行の総和を求める
[1] 12 15 18

> colMeans(m) # 列の平均を算出
[1] 2 5 8
```

行列の要素の参照には、データフレームと同じく [演算子が利用できます。行や列の指定方法はデータフレームと変わりません。[の中でカンマを用いて参照する行と列の位置を添え字で指定します。いずれかを省略した場合には、すべての行または列を取得することになります。なお [を利用すると行列がベクトルに変換されることがあります。これを避けるには [に drop = FALSE を追記します。

```
> m[2, ] # 2行目の値を参照
[1] 2 5 8

> m[, 3] # 3列目の値を参照（ベクトルに変換される）
[1] 7 8 9

> m[, 3, drop = FALSE] # 3列目を行列のまま出力する
     [,1]
[1,]    7
[2,]    8
[3,]    9
```

```
> m[2, 3] # 2行目3番目の値を参照
[1] 8
```

A.3.6　パッケージの利用

　パッケージとは R に新しい機能を追加する仕組みです。パッケージはユーザによって開発され CRAN などに公開されており、誰でも自由に利用できます。

　ここで例として Excel 形式のファイルを利用するためのパッケージを導入してみましょう。**readxl** というパッケージを利用します。

　パッケージのインストールには install.packages() を利用します。コンソールあるいはスクリプトに以下のようにパッケージ名を指定して実行します。

```
> install.packages("readxl")
```

　インストールしたパッケージを利用するには、まず library(パッケージ名) でパッケージを読み込みます。これはパッケージを利用する際、最初に 1 回だけ必ず実行する必要があります。

```
> library(readxl)
```

　パッケージにどのような関数が備わっているかはヘルプ関数で確認できます。次のように package 引数に対象のパッケージ名を指定します。

```
> help(package = "readxl")
```

　ヘルプの一覧を確認すると read_excel() という関数があります。この関数の引数に Excel のファイル名を指定すれば、データを読み込むことができます。

```
> dat <- read_excel("MyWorkSheet.xlsx")
```

A.3.7　作業（ワーク）スペース

　ここまで RStudio において複数の処理を実行してきました。ここでもう一度 [Environment] タブの状態を確認してみましょう。リストには複数のオブジェクトが登録されているはずです。これらのオブジェクトをまとめて作業（ワーク）スペースイメージ、あるいは単に作業（ワーク）スペースと呼びます。この状態で RStudio を終了させようとすると、[Save workspace image to ...] という確認のダイアログが表示されるはずです。あるいは、スクリプトを編集中であれば、スクリプトと作業スペースのそれぞれについて保存するかどうかを尋ねられます。スクリプトについてはマウスでチェックボックスをク

付録 A R の利用方法

リックして保存すべきですが、作業スペースについては保存の必要はないでしょう。

　作業スペースを保存すると次回の起動時に前回作成したオブジェクトが自動的に再現されますが、前回の作業から時間が経っている場合、それぞれのオブジェクトの状態を正しく思い出せる保証はありません。誤った分析結果を導き出してしまうのを避けるためにも、オブジェクトは R を起動するたびに用意しておいたスクリプトを実行し直してあらためて生成すべきです。RStudio のメニューから [Tools] 、[Global Options] 、[General] を選ぶと、真ん中に [Save workspace to .Rdata on exit] という項目があります。ここで [Never] を選択しておくと、終了時に作業スペースの保存を促すダイアログは現れなくなります。なお R を起動してから終了するまでをセッションと呼びます。

付録 B
確率分布に関する関数

牧山 幸史

　R には確率分布に関する関数が数多く用意されています。本付録では、R で利用できる確率分布に関する関数について説明します。

　確率分布を表す関数は、データが連続か離散かによって確率密度関数と確率質量関数に分かれます。確率密度関数は身長や体重のような連続量の分布に、また確率質量関数はサイコロの目のような離散値の分布に使われます。前者の代表が正規分布であり、後者の例としては 2 項分布が挙げられます。確率質量関数の出力は確率であるのに対して、確率密度関数の出力は確率全体の比率を表すことに注意が必要です。連続量の分布に対して確率を求めるには、範囲を指定して確率密度関数を積分します。この積分は累積分布関数を使うことで求められます。

　以下では、連続量の分布であるベータ分布を例に、R の確率関数について説明します。確率密度関数という記述は、離散値の分布では確率質量関数となるため、適宜読み替える必要があります。

　R では、標準的な確率分布についての関数が **stats** パッケージにより提供されています。このパッケージは R に標準で付属しているためインストールの必要はありません。また、R の起動時に読み込まれる特別なパッケージなので `library` や `require` で読み込む必要もありません。

　stats パッケージは、1 つの確率分布に対して基本的に 4 つの関数を提供します。

- 確率密度関数（または確率質量関数）
- 累積分布関数
- 分位数関数
- 乱数を生成する関数

　それぞれの関数名は、確率分布を表すシンボル名に対して、d、p、q、r を先頭につけたものとなります。たとえば、ベータ分布を表すシンボル名は beta なので、ベータ分布

付録 B 確率分布に関する関数

の確率密度関数は dbeta、累積分布関数は pbeta、分位数関数は qbeta、乱数を生成する関数は rbeta となります。

また、これらの関数は引数として確率分布に応じたパラメータを指定できます。たとえば、ベータ分布は 2 つの形状パラメータ α と β を持つため、ベータ分布に関する 4 つの関数 dbeta、pbeta、qbeta、rbeta は、これら 2 つのパラメータに対応する引数として shape1 と shape2 を持ちます。

表 B.1 に **stats** パッケージで提供されるいくつかの確率分布のシンボル名とパラメータを示します。

表 B.1: **stats** パッケージで提供される確率分布の例

確率分布	シンボル名	パラメータ
ベータ分布	beta	shape1, shape2, ncp
ガンマ分布	gamma	shape, scale(または rate)
正規分布	norm	mean, sd
一様分布	unif	min, max
2 項分布	binom	size, prob
t 分布	t	df, ncp
カイ 2 乗分布	chisq	df, ncp
コーシー分布	cauchy	location, scale

引数 ncp を持つ確率分布は、非心分布（non-central distribution）に対応しています。この引数を指定することで非心分布に対する確率密度関数などを計算することが可能です。非心分布を使わない場合はこの引数は無視して構いません。

stats パッケージが提供する確率分布の一覧は、次のコマンドで確認できます。

```
> help("Distributions")
```

B.1 確率密度関数

確率密度関数（probability density function）は確率分布を表現するための関数です。

確率密度関数の形状は対応する確率分布の性質を表します。たとえば、標準正規分布[*1]の確率密度関数は図 B.1 のような釣鐘（つりがね）型の形状をしています。

[*1] 平均を 0、標準偏差を 1 とした正規分布

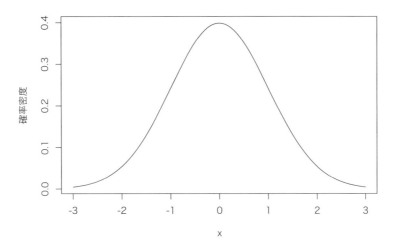

図 B.1 標準正規分布の確率密度関数

この形状を見ると、標準正規分布に従う確率変数は 0 の付近をとりやすいことや、0 から離れた値（たとえば 3）をとりにくいことなどが見てとれます。

確率密度関数は、確率分布を表すシンボル名に d をつけた関数名で利用できます[*2]。たとえば、ベータ分布のシンボル名は beta なので、その確率密度を計算する関数は dbeta という名前になります。パラメータを $\alpha = 6$、$\beta = 3$ としたときのベータ分布の $x = 0.4$ での確率密度を計算するには次のように書きます。

```
> dbeta(0.4, shape1 = 6, shape2 = 3)
[1] 0.6193152
```

第 1 引数にベクトルを入力することで、複数の値に対して確率密度を計算することが可能です。

```
> x <- c(0.2, 0.4, 0.6)
> dbeta(x, shape1 = 6, shape2 = 3)
[1] 0.0344064 0.6193152 2.0901888
```

連続した x に対して確率密度を計算し、plot 関数を使うことで確率密度関数を描画することが可能です（図 B.2）。

[*2] この d は density（密度）の頭文字と考えられます。確率質量関数（probability mass function）の場合も d で統一されています。

付録 B　確率分布に関する関数

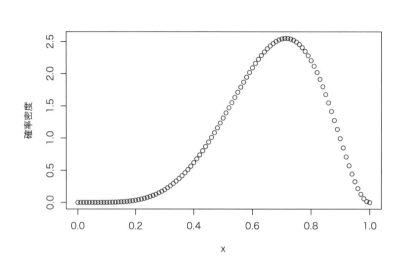

図 B.2　ベータ分布 (6, 3) の確率密度関数

```
> x <- seq(0, 1, by = 0.01)
> y <- dbeta(x, shape1 = 6, shape2 = 3)
> plot(x, y, ylab = "確率密度")
```

この分布に従う確率変数は $x = 0.7$ 付近の値をとりやすく、左に裾を引く分布になっていることがわかります。

確率密度関数は尤度（ゆうど）の計算に利用できます。尤度とは、データに対する確率分布のパラメータの尤（もっと）もらしさのことです。尤度はデータに対する確率密度を掛け合わせることで計算できます。次の例はデータ $x = \{0.2, 0.4, 0.6\}$ に対して、ベータ分布のパラメータ (6, 3) と (3, 6) の尤度を求めています。尤度が大きい (3, 6) の方が、このデータを生成したと考えるのに、より尤もらしいパラメータということになります。

```
> x <- c(0.2, 0.4, 0.6)
> prod(dbeta(x, shape1 = 6, shape2 = 3))
[1] 0.04453859
> prod(dbeta(x, shape1 = 3, shape2 = 6))
[1] 2.85047
```

尤度は対数尤度の形で利用されることがほとんどです。しかし、確率密度を計算してから対数をとると桁あふれの原因となります。これを防ぐため、確率密度関数の引数 `log = TRUE` とすることで対数化された確率密度を直接求めることができます。対数尤度は対数確率密度を足し合わせることで計算できます。

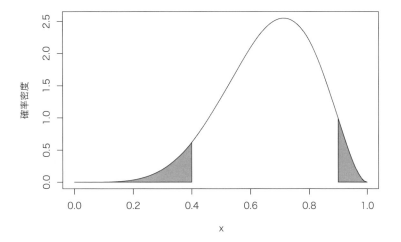

図 B.3 累積分布関数は確率密度関数を $-\infty$ から x まで積分した値（左側のグレーの領域の面積）と一致する。R では `lower.tail = FALSE` を指定することで x から ∞ までの積分値（右側のグレーの領域の面積）を計算することもできる。

```
> sum(dbeta(x, shape1 = 6, shape2 = 3, log = TRUE))
[1] -3.111399
> sum(dbeta(x, shape1 = 3, shape2 = 6, log = TRUE))
[1] 1.047484
```

対数をとっても大小関係は変わらないため、対数尤度の大きい方がより尤もらしいパラメータであることは変わりません。

B.2 累積分布関数

累積分布関数（cumulative distribution function）は、確率分布に従う確率変数が、ある値 x 以下になる確率を表す関数です。これは、確率密度関数を $-\infty$ から x まで積分した値と一致します（図 B.3）。

累積分布関数は、確率分布を表すシンボル名に p をつけた関数名で利用できます[*3]。たとえば、ベータ分布のシンボル名は beta ですで、その累積分布関数は pbeta という名前になります。パラメータを $\alpha = 6$、$\beta = 3$ としたときのベータ分布の $x = 0.4$ での累積分

[*3] この p は probability（確率）の頭文字と考えられます。

付録 B 確率分布に関する関数

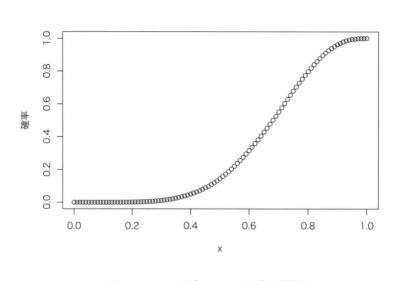

図 B.4　ベータ分布 (6, 3) の累積分布関数

布関数を計算するには次のように書きます。

```
> pbeta(0.4, shape1 = 6, shape2 = 3)
[1] 0.04980736
```

これが確率密度関数を $-\infty$ から x まで積分した値と一致することは次のようにして分かります。

```
> # 確率密度関数を積分して累積分布関数の値を求める
> integrate(dbeta, -Inf, 0.4, shape1 = 6, shape2 = 3)$value
[1] 0.04980736
```

確率密度関数と同様に、累積分布関数もベクトルを入力として動作します。

```
> x <- c(0.2, 0.4, 0.6)
> pbeta(x, shape1 = 6, shape2 = 3)
[1] 0.00123136 0.04980736 0.31539456
```

連続した値を入力することにより、累積分布関数を描画できます（図 B.4）。

```
> x <- seq(0, 1, by = 0.01)
> y <- pbeta(x, shape1 = 6, shape2 = 3)
> plot(x, y, ylab = "確率")
```

累積分布関数は、常に左端が 0 で右端が 1 になります。また、左端から右端に向かって

常に増加します。

累積分布関数は引数 lower.tail を持ちます。 これを FALSE にすると、確率分布に従う確率変数が、ある値 x 以上となる確率を求めることができます（図 B.2）。

```
> x <- c(0.7, 0.8, 0.9)
> pbeta(x, shape1 = 6, shape2 = 3, lower.tail = FALSE)
[1] 0.44822619 0.20308224 0.03809179
```

累積分布関数は統計的仮説検定の p 値を計算する際に利用できます。 たとえば t 検定では、データから t 統計量を求め、その値より極端な値をとる確率を p 値として計算します。

```
> x <- c(-0.288, 1.727, 0.167, 0.296, 1.127, 0.665, 0.301)
> # x の平均が 0 より大きいかを検定
> t.test(x, mu = 0, alternative = "greater")

    One Sample t-test

data:  x
t = 2.2493, df = 6, p-value = 0.03275
alternative hypothesis: true mean is greater than 0
95 percent confidence interval:
 0.07766978           Inf
sample estimates:
mean of x
0.5707143
```

この場合、t 統計量は 2.2493 ですが、これより大きな値をとる確率は t 分布に対する累積分布関数 pt を用いて計算できます。

```
> pt(2.2493, df = 6, lower.tail = FALSE)
[1] 0.0327521
```

上記の t 検定の結果の p 値と一致することがわかります。

確率密度関数と同様に、累積分布関数は引数 log.p を持ち、TRUE とすることで結果を対数で求めることができます。

```
> pbeta(0.4, shape1 = 6, shape2 = 3, log.p = TRUE)
[1] -2.999593
```

B.3 分位点関数

分位点関数（quantile function）は、確率分布に従う確率変数が、ある値 x 以下になる

付録 B 確率分布に関する関数

確率を p としたときに、p に対応する x を返す関数です。これはちょうど累積分布関数の逆関数にあたります。

分位点関数は、確率分布を表すシンボル名に q をつけた関数名で利用できます[*4]。たとえば、ベータ分布のシンボル名は beta ですので、その分位点関数は qbeta という名前になります。パラメータを $\alpha = 6$、$\beta = 3$ としたときのベータ分布の $p = 0.1$ の分位点を計算するには次のように書きます。

```
> qbeta(0.1, shape1 = 6, shape2 = 3)
[1] 0.4617846
```

分位点関数の第 1 引数は確率ですので、0 から 1 の範囲しかとることはできません。この範囲を超えた値を入力すると警告とともに NaN が返されます。

分位点関数は累積分布関数の逆関数ですので、この結果を累積分布関数に与えると 0.1 が求まります。

```
> pbeta(0.4617846, shape1 = 6, shape2 = 3)
[1] 0.1
```

他の関数と同様に、分位点関数にもベクトルを入力できます。

```
> p <- c(0.1, 0.3, 0.5)
> qbeta(p, shape1 = 6, shape2 = 3)
[1] 0.4617846 0.5925411 0.6794810
```

連続した値を入力することで、分位点関数を描画できます（図 B.5）。

```
> p <- seq(0, 1, by=0.01)
> x <- qbeta(p, shape1 = 6, shape2 = 3)
> plot(p, x, xlab = "確率 p")
```

分位点関数は、累積分布関数（図 B.4）の軸を入れ替えたものとなっていることが分かります。

分位点関数は信頼区間を求めるのに利用できます。データ x が正規分布に従うと仮定する場合、以下のように t 分布の分位点関数 qt を使って平均の 95% 信頼区間を求めることができます。

```
> x <- c(-0.288, 1.727, 0.167, 0.296, 1.127, 0.665, 0.301)
> n <- length(x)
> # x の平均の95%信頼区間を求める
> mean(x) + qt(c(0.025, 0.975), df = n-1) * sqrt(var(x)/n)
[1] -0.05014239  1.19157096
```

[*4] この q は quantile（分位数）の頭文字と考えられます。

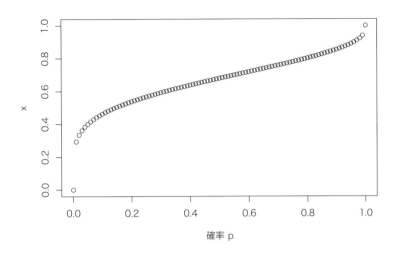

図 B.5　ベータ分布 (6, 3) の分位点関数

分位点関数も引数 log.p を持ちますが、注意が必要です。累積分布関数ではこれをTRUE とすることで結果が対数化されましたが、分位点関数では入力が対数化されていることを期待するという意味になります。

```
> log_p <- log(0.1)
> qbeta(log_p, shape1 = 6, shape2 = 3, log.p = TRUE)
[1] 0.4617846
```

B.4　乱数の生成

確率分布のシンボル名に r をつけた関数を使うことで、その確率分布に従った乱数を生成できます[*5]。たとえば、ベータ分布のシンボル名は beta ですので、ベータ分布に従った乱数を生成する関数は rbeta という名前になります。

パラメータを $\alpha = 6$、$\beta = 3$ としたときのベータ分布から乱数を生成するには次のように書きます。

```
> rbeta(4, shape1 = 6, shape2 = 3)
[1] 0.8603935 0.5219446 0.8007954 0.7820724
```

[*5] この r は random number（乱数）の頭文字と考えられます。

付録 B　確率分布に関する関数

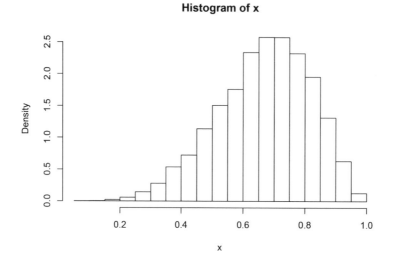

図 B.6　ベータ分布 (6, 3) に従う乱数のヒストグラム。サンプルサイズを増やすと確率密度関数（図 B.2）に近づく。

第 1 引数には乱数をいくつ生成するかを指定します。

乱数をたくさん生成してヒストグラムを描くと、確率密度関数に近づきます（図 B.6）。

```
> x <- rbeta(10000, shape1 = 6, shape2 = 3)
> hist(x, probability = TRUE)
```

乱数を生成する特別な関数に `sample` があります。これは、第 1 引数に入力されたベクトルからランダムに要素を抽出する関数です。

```
> x <- c("A", "B", "C")
> sample(x, size = 1)
[1] "B"
> sample(x, size = 2)
[1] "A" "B"
> sample(x, size = 3)
[1] "C" "A" "B"
```

`size` 引数にはいくつ抽出するかを指定します。

デフォルトでは一度抽出した要素が再び抽出されることはありませんが（非復元抽出）、`replace` 引数を `TRUE` にすることで、同じ要素を何度でも抽出するようになります（復元抽出）。また、`prob` 引数にそれぞれの要素が抽出される確率を指定できます。

```
> sample(x, size = 6, replace = TRUE)
```

B.4 乱数の生成

```
[1] "B" "A" "B" "C" "A" "A"
> sample(x, size = 6, replace = TRUE, prob = c(0.8, 0.1, 0.1))
[1] "A" "C" "A" "A" "A" "C"
```

これらの乱数生成関数は、正確には擬似乱数を生成します。乱数は本来規則性のない数列のことを指しますが、Rに限らず、計算機上で行われるほとんどの乱数生成には確定的な擬似乱数生成アルゴリズムが使われます。擬似乱数は種（seed）を設定することで再現できます。Rでは set.seed 関数によって乱数の種を指定できます。

```
> # 種を指定しない場合、毎回異なる乱数が生成される
> rbeta(3, shape1 = 6, shape2 = 3)
[1] 0.9094482 0.4983934 0.6754236
> rbeta(3, shape1 = 6, shape2 = 3)
[1] 0.6697467 0.5955975 0.4717984
> rbeta(3, shape1 = 6, shape2 = 3)
[1] 0.5353210 0.6178340 0.6828989

> # 種を指定することで、同じ乱数を生成できる
> set.seed(314)
> rbeta(3, shape1 = 6, shape2 = 3)
[1] 0.8603935 0.5219446 0.8007954
> set.seed(314)
> rbeta(3, shape1 = 6, shape2 = 3)
[1] 0.8603935 0.5219446 0.8007954
> set.seed(314)
> rbeta(3, shape1 = 6, shape2 = 3)
[1] 0.8603935 0.5219446 0.8007954
```

Rで利用できる擬似乱数生成アルゴリズムについては、次のコマンドで確認できます。

```
> help("Random")
```

参考文献

[1] 奥村晴彦『R で楽しむ統計』(共立出版, 2016 年)

[2] 結城浩『数学ガールの秘密ノート／やさしい統計』(SB クリエイティブ, 2016 年)

[3] 田崎晴明『統計力学 I』『統計力学 II』(培風館, 2008 年)

[4] Andrew Gelman, Deborah Nolan, *Teaching Statistics: A Bag of Tricks, 2nd edition* (Oxford University Press, 2017).

[5] Andrew Gelman, John B. Carlin, Hal S. Stern, David B. Dunson, Aki Vehtari, and Donald B. Rubin, *Bayesian Data Analysis, 3rd edition* (CRC Press, 2014).

[6] José M. Bernardo and Adrian F. M. Smith, *Bayesian Theory* (Wiley, 1994 and 2000).

[7] José M. Bernardo, "Reference Analysis," *Handbook of Statistics 25* (Elsevier, 2005); http://www.uv.es/~bernardo/publications.html

[8] Ruoyong Yang and James O. Berger, "A Catalog of Noninformative Priors", http://www.stats.org.uk/priors/noninformative/YangBerger1998.pdf

[9] 渡辺澄夫『ベイズ統計の理論と方法』(コロナ社, 2012 年)

[10] David R. Bickel and Rudolf Frühwirth, "On a fast, robust estimator of the mode: Comparisons to other robust estimators with applications", *Computational Statistics & Data Analysis* **50**, 3500–3530 (2006), doi:10.1016/j.csda.2005.07.011; http://arxiv.org/abs/math/0505419

[11] Gerta Rücker, Guido Schwarzer, James Carpenter, and Ingram Olkin, "Why add anything to nothing? The arcsine difference as a measure of treatment effect in meta-analysis with zero cells", *Statistics in Medicine* **28**, 721–738 (2009); doi:10.1002/sim.3511

[12] Emmanuel Lesaffre and Andrew B. Lawson, *Bayesian Biostatistics* (Wiley, 2012); 邦訳：宮岡悦良監訳『医薬データ解析のためのベイズ統計学』(共立出版, 2016 年)

[13] John C. Nash, "On Best Practice Optimization Methods in R," *Journal of Statistical Software*, doi:10.18637/jss.v060.i02 (2014).

[14] A. S. Eddington, "On a Formula for Correcting Statistics for the Effects of a known Probable Error of Observation," *Monthly Notices of the Royal Astronomical Society* **73**, 359–360 (1913).

[15] Stig Steenstrup, "Experiments, prior probabilities, and experimental prior probabilities," *American Journal of Physics* **52**, 1146 (1984).

[16] R. DerSimonian and R. Kacker, "Random-effects model for meta-analysis of clinical trials: An update," *Contemporary Clinical Trials* **28**, 105–114 (2007).

[17] Christian Röver, "Bayesian random-effects meta-analysis using the bayesmeta R package," https://arxiv.org/abs/1711.08683, submitted to *Journal of Statistical Software*.

参考文献

[18] Radford M. Neal, "MCMC using Hamiltonian dynamics," Chapter 5, *Handbook of Markov Chain Monte Carlo* (CRC Press, 2011); https://arxiv.org/abs/1206.1901

[19] Geoff Cumming, *Understanding The New Statistics: Effect Sizes, Confidence Intervals, and Meta-Analysis* (Routledge, 2011).

[20] O. Behnke, K. Kröninger, G. Schott, T. Schörner-Sadenius, eds., *Data Analysis in High Energy Physics: A Practical Guide to Statistical Methods* (Wiley, 2013).

[21] C. Patrignani et al. (Particle Data Group), "2017 Review of Particle Physics," *Chin. Phys. C*, **40**, 100001 (2016) and 2017 update. http://pdg.lbl.gov/2017/reviews/contents_sports.html

[22] 松浦健太郎『Stan と R でベイズ統計モデリング』（共立出版，2016 年）

索引

数字

2 項係数	16
2 項分布	15

A

adaptIntegrate()	76, 94
atanh()	122

B

bayesmeta	140
betamode1.R	44
betamode2.R	44
binom.test()	45
BUGS	147

C

coda	59
cor()	122
cubature	76, 94
curve()	19

D

dat.bcg	136, 159
dbeta()	24
dbinom()	16
dchisq()	109
density()	61, 62
dnorm()	98
dpois()	79
dt()	112

E

EAP	25
escalc	71, 73
escalc()	136, 138

G

ggplot2	19
gsl	123

H

HDI	48
hdi()	59
HDInterval	59
HDI	48
HMC	167
hpd()	58, 59
HPDinterval()	59
HPD 区間	48
HSM	61
hyperg_2F1()	123

I

integrate()	20

J

JAGS	147

L

lm()	161
log1p()	171

M

MAP	25
mean()	25
metafor	130, 136, 137, 139, 159
microbenchmark	40
mlv()	61
modeest	61

N

nlm()	93, 95, 127

O

object.size()	56
optim()	95
optimx()	95

P

pbeta()	24
pbinom()	16
pchisq()	109
pnorm()	98–100
ppois()	79
pt()	112
p 値	28

Q

qbeta()	47, 50
qbinom()	16
qchisq()	109
qnorm()	98, 99
qpois()	80
qt()	112
quantile()	114

索引

R

rbeta()	25
rbinom()	16
rchisq()	109
rdirichlet()	91
rexp()	155
rma	130
rma()	130, 137, 139
Rmpfr	154
rnorm()	98
rpois()	80
rt()	112

S

Stan	149
str()	21

T

t.test()	113, 115
tanh()	122
t 分布	112

V

Vectorize()	53

W

WinBUGS	147

あ～お

アークサイン	39
アニーリング	150
異質性	138
イジング模型	146
インプロパー	41
ウォームアップ	153
打切りデータ	119
運動量	168
エディントンのバイアス	95
オッズ	42, 65
オッズ比	65

か～こ

カーネル密度	61
カイ2乗分布	109
回帰分析	160
下位桁あふれ	153
ガウスの超幾何関数	123
ガウス分布	98
確率質量関数	18
確率分布	7
確率変数	7
確率密度	22
確率密度関数	22
確率モデル	8
偏り	13
カノニカル分布	145
カバレッジ	51
カルバック・ライブラー・ダイバージェンス	39
感度	4
ガンマ関数	81
ガンマ分布	80
偽陰性	2
危険度	69
期待値	97
ギブズサンプラー	147
ギブズサンプリング	147
ギブズ分布	145
帰無仮説	9
逆カイ2乗分布	110
偽陽性	2
偽陽性率	4
共役事前分布	30
経験ベイズ	127
系統誤差	125
桁あふれ	153
検出力	10
検定力	10
効果量	136
コーシー分布	112
固定効果モデル	137

さ～そ

最高事後密度区間	48
採択率	152
最頻値	23
最尤推定値	25
サンプル	13
ジェフリーズの事前分布	37
事後分布	7
事前分布	8
邪魔なパラメータ	74

た～と（右列）

収縮	129
十分統計量	108
周辺化	111
周辺分布	111
上位桁あふれ	154
条件付き確率	6
詳細釣り合い	148
真陰性	2
真陰性率	4
信用区間	46
真陽性	2
真陽性率	4
数理モデル	8
スチューデントの t 分布	112
正規化された不完全ベータ関数	24
正規分布	98
正則	41
生存時間解析	119
精度	103
説明変数	160
漸近正規性	103
相関係数	121
相対危険度	69
相対リスク	69

た～と

第一種の過誤	9
対数オッズ	42
第二種の過誤	10
多項分布	90
多重検定	78
多倍長演算	154
多変量正規分布	121
中心極限定理	103
ディリクレ分布	91
統計誤差	125
統計的仮説検定	9
統計力学	146
特異度	4

は～ほ

バーンイン	153
ハイブリッド・モンテカルロ	167
ハミルトニアン・モンテカルロ	167
パラメータ	8

バンド幅	61	ベイズ主義者	11	モンテカルロ法	149
		ベイズ統計学	8, 26		
非正則	41	ベイズの定理	5		
標準誤差	97	ベータ関数	23	■ ……… や～よ ……… ■	
標準正規分布	98	ベータ分布	23		
標準偏差	97	ベーレンス・フィッシャー問題		焼きなまし	150
標本	13		115		
標本誤差	14	変則	41	有意	9, 28
頻度主義者	11	ベンフォードの法則	99	有意水準	9
				尤度	8
フィッシャー情報量	38	ポアソン分布	79	尤度関数	8
フィット	160	ホールデンの事前分布	41	尤度原理	76
フェルミ推定	146	母集団	13		
フォレストプロット	137	母数	8	陽性適中率	4
不完全ベータ関数	24	ボルツマン分布	145	予測分布	63
物理モデル	8				
負の2項分布	76				
ブライア・スコア	10	■ ……… ま～も ……… ■		■ ……… ら～ろ ……… ■	
フリークエンティスト	27				
プロパー	41	密度関数	22	ラプラス・スムージング	65
プロファイル尤度	76			ラプラス近似	104
分位関数	18	無情報事前分布	18	ラプラスの継起則	65
分割表	65			ランダムウォーク	152
分散	97	メタアナリシス	136	ランダム効果モデル	138
分散安定化変換	39, 71	メトロポリスのアルゴリズム			
分布関数	18		147	累積分布関数	18
平均値	97	目的変数	160	レファレンス事前分布	39
平均への回帰	129	模型	8		
ベイジアン	11, 27	モデル	8	ロジット	42

211

監修者・付録執筆者

石田 基広（いしだ もとひろ）
徳島大学大学院教授。専門はテキストマイニング、授業ではデータ分析やプログラミングを担当。著書に『R によるテキストマイニング入門』（森北出版）、『R 言語逆引きハンドブック』（C&R 研究所）、『R によるスクレイピング入門』（C&R 研究所）、『新米探偵、データ分析に挑む』（ソフトバンク・クリエイティブ）、『とある弁当屋の統計技師』（共立出版）、『R で学ぶデータ・プログラミング入門』（共立出版）など。本シリーズの監修。

瓜生 真也（うりゅう しんや）
1989 年生まれ。神奈川県出身。2016 年 横浜国立大学大学院博士課程後期中退。企業でデータエンジニアとしての経験を積み、現在は国立環境研究所に勤務。位置情報付きデータの空間解析やウェブデータの処理を専門とする。ウェブ上でのブログ（http://uribo.hatenablog.com）等で R に関する話題提供を行う他、各種の勉強会やイベント等で発表、講師を務める。主著に『R によるスクレイピング入門』（C&R 研究所・共著）。R は学部生の頃から触っており、本書の付録 A を執筆。

牧山 幸史（まきやま こうじ）
バイオインフォマティクス企業における統計解析業務、EC サイトのデータアナリストを経て、現在ヤフー株式会社データサイエンティスト、SB イノベンチャー株式会社 AI エンジニア、株式会社ホクソエム代表取締役社長を兼務。翻訳書に『みんなの R』（マイナビ）『R による自動データ収集』（共立出版）。本書の付録 B を執筆。

■著者略歴
奥村 晴彦（おくむら はるひこ）
1951 年生まれ　三重大学名誉教授・教育学部特任教授
主な著書：『パソコンによるデータ解析入門』（技術評論社，1986 年）
　『コンピュータアルゴリズム事典』（技術評論社，1987 年）
　『C 言語による最新アルゴリズム事典』（技術評論社，1991 年）
　『Java によるアルゴリズム事典』（共著，技術評論社，2003 年）
　『LHA と ZIP──圧縮アルゴリズム×プログラミング入門』（共著，ソフトバンク，2003 年）
　『Moodle 入門──オープンソースで構築する e ラーニングシステム』（共著，海文堂，2006 年）
　『高等学校　社会と情報』『高等学校　情報の科学』（共著，第一学習社，2013 年〜）
　『R で楽しむ統計』（共立出版，2016 年）
　『［改訂第 7 版］LATEX 2ε 美文書作成入門』（技術評論社，2017 年）
　『［改訂第 3 版］基礎からわかる情報リテラシー』（共著，技術評論社，2017 年）
主な訳書：William H. Press 他『Numerical Recipes in C 日本語版』（共訳，技術評論社，1993 年）
　Luke Tierney『LISP-STAT』（共訳，共立出版，1996 年）

本書サポート：https://github.com/okumuralab/bayesbook
技術評論社 Web サイト：http://book.gihyo.jp/
　　　　　　　　　　　　http://gihyo.jp/

カバーデザイン ◆ 図工ファイブ
本文デザイン ◆ BUCH⁺
編　　集 ◆ 高屋卓也
組版協力 ◆ 加藤文明社

R で楽しむベイズ統計 入門
［しくみから理解するベイズ推定の基礎］

2018 年 1 月 29 日　初　版　第 1 刷発行
2018 年 4 月 27 日　初　版　第 2 刷発行

監　修　石田基広
著　者　奥村晴彦、瓜生真也、牧山幸史
発行者　片岡　巌
発行所　株式会社技術評論社
　　　　東京都新宿区市谷左内町 21−13
　　　　電話 03−3513−6150 販売促進部
　　　　　　 03−3513−6177 雑誌編集部
印刷／製本　株式会社加藤文明社

定価はカバーに表示してあります

本書の一部または全部を著作権法の定める範囲を超え，無
断で複写，複製，転載，テープ化，ファイルに落とすこと
を禁じます．

© 2018　奥村晴彦、石田基広、株式会社ホクソエム

ISBN978-4-7741-9503-2 C3055
Printed in Japan

【お願い】
■本書についての電話によるお問い合わせはご遠慮くだ
さい。質問等がございましたら，下記まで FAX または封
書でお送りくださいますようお願いいたします。

〒162−0846
東京都新宿区市谷左内町 21−13
株式会社技術評論社雑誌編集部
FAX：03−3513−6173
「R で楽しむベイズ統計入門」係

なお，本書の範囲を超える事柄についてのお問い合わせに
は一切応じられませんので，あらかじめご了承ください。

造本には細心の注意を払っておりますが、万一、乱丁（ページの
乱れ）や落丁（ページの抜け）がございましたら、小社販売促進部
までお送りください。送料小社負担にてお取り替えいたします。